全球污染场地修复技术与应用

廖晓勇 等 著

科学出版社
北京

内 容 简 介

本书对全球常见工业污染场地土壤修复技术进行了系统介绍，从技术原理、适用范围、优缺点、影响因素、发展历程、前沿研究和产品装备等方面进行了全面归纳整理和应用前景分析，详细剖析了大型污染场地的国内外治理经典案例，系统阐述了污染场地修复决策支持系统等。

本书可供环境科学与工程相关专业的教师、学生、科研工作者学习参考，也可供土壤环境保护、管理与决策相关部门、专业公司从业者借鉴参考。

图书在版编目（CIP）数据

全球污染场地修复技术与应用 / 廖晓勇等著. —北京：科学出版社，2022.12
ISBN 978-7-03-071644-6

Ⅰ. ①全…　Ⅱ. ①廖…　Ⅲ. ①场地-环境污染-修复　Ⅳ. ①X5

中国版本图书馆CIP数据核字（2022）第031603号

责任编辑：石　珺　李嘉佳 / 责任校对：郝甜甜
责任印制：吴兆东 / 封面设计：蓝正设计

科学出版社 出版
北京东黄城根北街16号
邮政编码：100717
http://www.sciencep.com
北京九州迅驰传媒文化有限公司 印刷
科学出版社发行　各地新华书店经销
*
2022年12月第　一　版　开本：720×1000　1/16
2022年12月第一次印刷　印张：12 3/4
字数：292 000
定价：139.00元
（如有印装质量问题，我社负责调换）

作 者 名 单

廖晓勇

李 义 李 尤

曹红英 罗俊鹏 龚雪刚 王 亮 侯艺璇

张庆莹 王子阳 李浩楠 王子薇

前　言

污染场地是指因从事生产、经营、处理、储存有毒有害物质等活动，造成土壤及地下水污染并对人体健康或生态环境构成风险的区域。自工业革命以来，全球经历了工业化与城市化的协同发展过程，遗留了大量工业污染场地，威胁着人体健康和生态环境。这类场地土壤和地下水的治理修复及安全再利用成为国际环境保护领域的关注焦点。

20 世纪 70 年代起，为了解决日趋严重的场地污染与风险问题，欧美等一些发达国家或地区基于环境污染化学与控制等理论依据，开始了系统的污染场地修复理论、方法与技术研究，采取了一系列措施应对场地污染问题，包括政策法规制定、行业标准编制、修复基金设立、技术研发与创新等。经过数十年的研究，污染场地土壤修复技术已经从早期简单的物理手段逐步向多元化发展，形成了以物理、化学和生物修复技术为核心的三大修复方法体系，为解决全球场地污染问题提供了强有力的技术支持。

本书围绕污染场地修复这一热点领域，以解决突出问题为目标，以引领技术发展为导向，详细阐述当前全球污染场地修复主流技术研究动态和发展趋势，提供污染场地解决思路、方法手段、技术模式和综合决策。本书内容共分四个部分，第一部分（第 1 章）概述全球污染场地修复总体进程；第二部分（第 2～8 章）阐述国内外污染场地修复主流技术的基本理论与应用方法；第三部分（第 9 章）介绍了国内外污染场地修复代表性案例；第四部分（第 10 章）总结了国内外污染场地修复决策支持系统。

本书由廖晓勇、李义、李尤统筹编写，曹红英、罗俊鹏、龚雪刚、王亮、侯艺璇、张庆莹、王子阳、李浩楠、王子薇参与编写。

由于编者在知识积累及对污染场地土壤修复技术前沿进展的把握上尚存在不足，书中难免存在疏漏，敬请读者批评指正。

廖晓勇

2021 年 9 月于北京

目　　录

第1章 全球污染场地土壤修复技术概述

场地污染是指因人类活动导致局部区域土壤和地下水中累积重金属、有机污染物等有毒有害物质，并对人体健康和生态环境产生威胁或危害的一种环境行为。场地污染修复是一项复杂、耗资、耗时的艰巨工程，需投入大量资金对污染场地进行监测、评估、管控和治理等。

据不完全统计，全球污染场地总数超过500万个，其中，仅5%的污染场地得到了修复治理。美国作为工业大国，现有超过45万个污染场地，并且自2006年以来平均每年登记新增约4万个。美国"超级基金计划"项目2007年耗费了3.8亿美元用于污染场地修复项目①；2015年投入了约180亿美元开展污染场地修复，占当年美国GDP的1‰。1995～2017年，美国已累计花费了220亿美元用于污染场地的清理修复及再开发②。据估计，美国如完成所有污染场地的修复将需要投资2089亿美元，并且大部分场地修复需要经过30～35年的时间③。

欧洲环境署（European Environment Agency，EEA）统计数据显示，欧洲经济区和西巴尔干地区约有300万个潜在的污染场地，其中有250万个潜在污染场地对人体和生态系统存在威胁而需要开展修复④。已有24个国家和地区建立了污染场地的国家数据清单，6个国家则在区域层面建立污染场地区域/分散清单。欧洲地区250万个潜在污染场地中，约有117万个（47%）已被确定存在土壤污染问题，约14%的场地（34.2万个）存在高污染风险而需要开展污染修复

---

① USEPA. FY 2007 Superfund annual report：building on success：protecting human health and the environment. https://nepis.epa.gov/Exe/ZyPURL.cgi?Dockey=9101PRI8.txt.

② USEPA. 2017 Brownfields federal programs guide. Washington，DC：Office of Solid Waste and Emergency Response.

③ USEPA. In situ thermal treatment of chlorinated solvents：Fundamentals and field applications. Washington，DC：Office of Solid Waste and Emergency Response. https://www.epa.gov/sites/default/files/2015-04/ documents/istt_cs_epa542r04010.pdf.

④ Rodríguez-Eugenio N，McLaughlin M，Pennock D. 2018. Soil pollution：a hidden reality. Rome：FAO.

（EEA，2014）。欧洲各国针对污染场地进行污染源调查分析发现，土壤污染来源主要分为七大类：①废弃物处理处置；②工业/商业活动；③存储污染源；④运输泄漏；⑤军事活动；⑥核活动；⑦其他污染源等。其中以废弃物处理处置、工业/商业活动导致的土壤污染问题最为严重，涉及的污染物主要为重金属、矿物油、多环芳烃（PAHs）、苯系物（BTEX）等（图 1.1）。据报道，欧洲环境署中列出的 34.2 万个高污染风险场地中，已有约 15%的场地得到了修复，每年用于场地土壤污染修复的费用高达 12.01 亿欧元，约占场地管理支出费用的 81%，而污染场地调查费用占比为 15%。

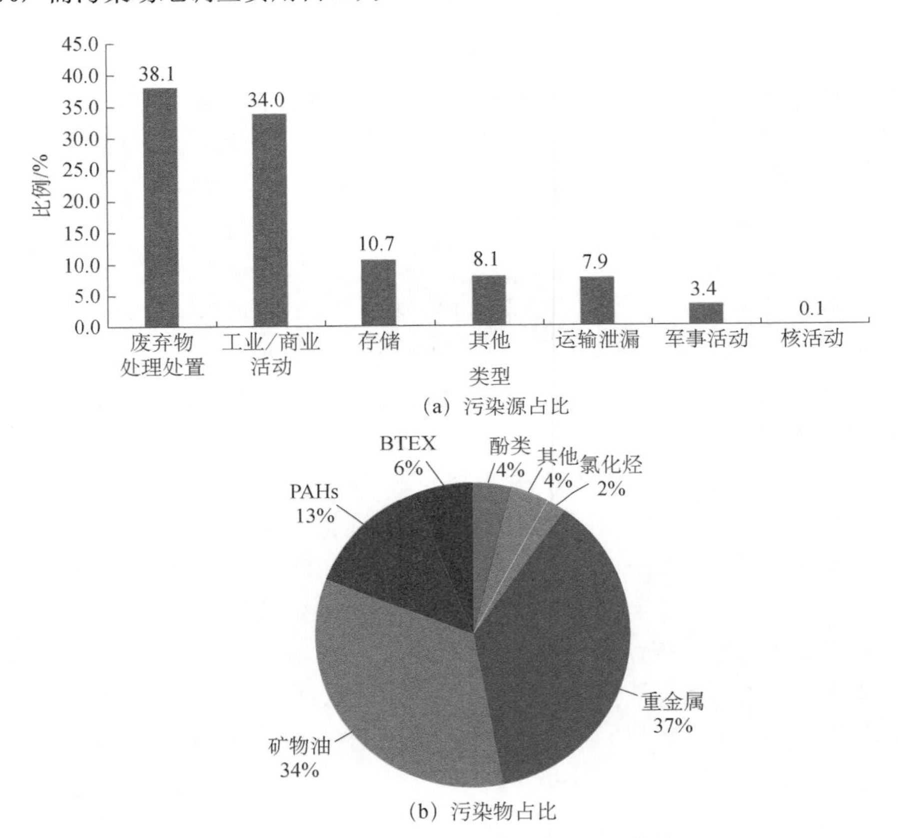

（a）污染源占比

（b）污染物占比

图 1.1　欧洲地区主要土壤污染源与污染物

21 世纪初期，由于城市化进程加快以及产业结构升级调整等原因，我国大量污染企业关停或转迁（图 1.2），仅 2001～2008 年，我国就有 10 万个以上污染企业关停或搬迁，产生了大量的污染或潜在污染场地（廖晓勇等，2011），严重威胁着周边居民的身体健康，并显著影响土地和地下水资源的安全使用。近年来，我国场地污染引发的环境事故频发，如常州外国语学校“毒地”事件、靖江

“毒地”事件、上海金山土壤污染事件等，使得污染场地的治理与安全再利用问题引起社会各界的广泛关注。2014 年，中国发布的《全国土壤污染状况调查公报》显示，长江三角洲、珠江三角洲、东北老工业基地等部分区域土壤污染问题较为突出，西南、中南地区土壤重金属超标范围较大。其中，在调查的 690 家重污染企业用地及周边土壤点位中，超标点位占 36.3%，主要涉及有色金属、皮革制品、石油煤炭、化工医药、化纤橡塑等行业。在调查的 81 块工业废弃地的 775 个土壤点位中，超标点位占 34.9%，主要污染物为锌、汞、铅、铬、砷和多环芳烃，主要涉及化工、矿业、冶金等行业。

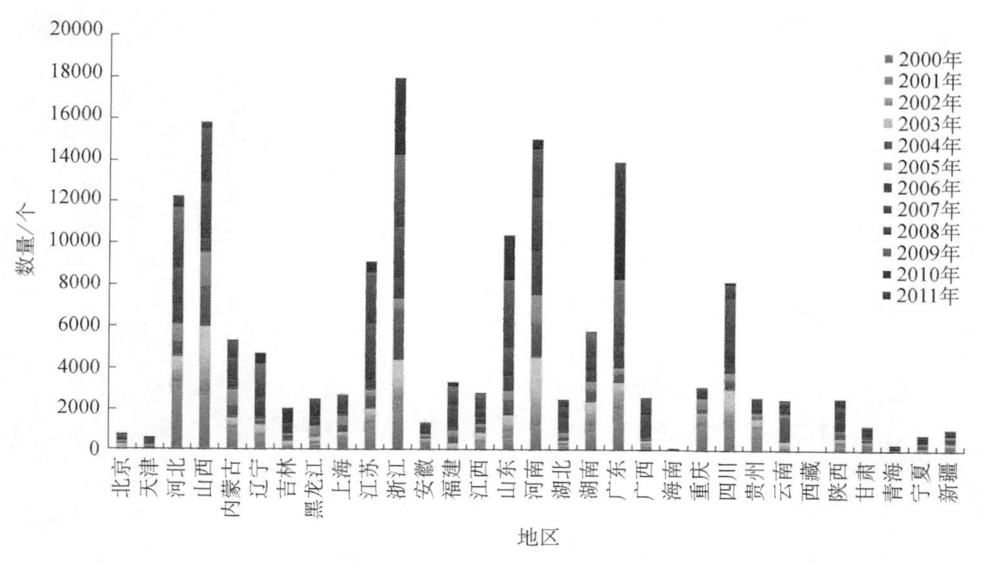

图 1.2　2000～2011 年我国关停或转迁情况

1.1　污染场地土壤修复发展历程

土壤修复概念最早出现于 20 世纪 70 年代后期的欧美地区，旨在消除土壤污染毒害并恢复土壤功能。为了解决日趋严重的土壤污染与风险问题，欧美等一些发达国家基于土壤污染化学与控制等理论依据，开始了系统的污染土壤修复理论、方法与技术研究，并颁布了一系列相关法律法规和污染防治行动计划（图 1.3）。20 世纪 80 年代至 90 年代初，欧美国家开展了大量的污染场地修复工程，在超富集植物修复重金属污染土壤和微生物修复石油污染土壤等方面开展的基础理论研究与工程应用取得了显著进展，进一步推动了土壤污染修复理论与应用的研究与发展。1998 年，在第 16 届世界土壤科学大会上，正式成立了国际土壤修复专业委员会，这标志着土壤修复方向已成为国际关注的研究热点。21 世纪以来，随着应用于污染土壤修复的物理、化学、生物等众多技术的迅速发展，土壤修复理论和技术研究获得长足进步。

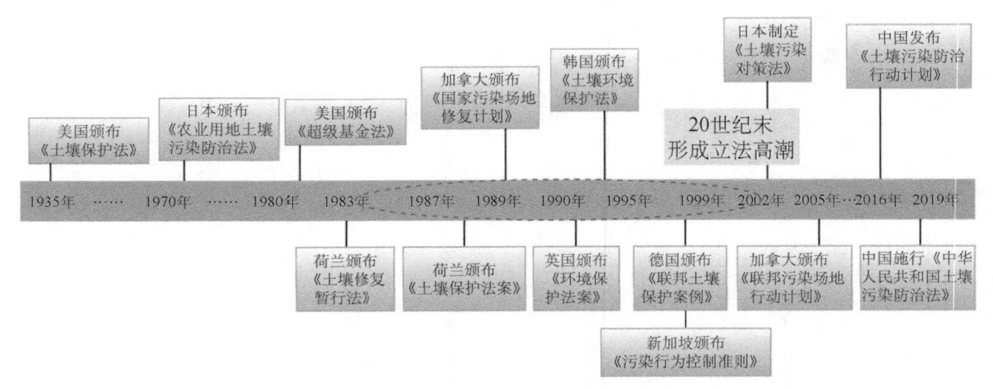

图 1.3 国际土壤修复相关法律法规、行动计划颁布进程

1.1.1 欧美发达国家土壤修复进程

自 20 世纪 70 年代开始，欧美等发达国家采取了一系列措施应对场地污染问题，包括政策法规制定、行业标准编制、修复基金设立、技术研发与创新等[①~④]。

美国土壤修复发展历程主要分为四个阶段：①1981～1993 年的准备阶段，在该阶段美国颁布了《综合环境反应、赔偿与责任法案》（CERCLA），并设立了“超级基金计划”，为推进土壤修复工作奠定了法律基础；②1994～2001 年的起步阶段，在此期间，美国实施“棕色地块经济自主再开发计划”（BERI），并提供棕色地块污染修复基金，为污染场地土壤修复基础研究和工程应用提供了充

① FMENCN（Federal Ministry for the Environment，Nature Conservation and Nuclear）. 1999. Federal soil protection act and ordinance. http://www.bmu.de/english/soil_conservation_contamined_sites/downloads/doc/3286.

② USEPA. Brownfields technology primer：requesting and evaluating proposals that encourage innovative technologies for investigation and cleanup. Office of Solid Waste and Emergency Response，Washington，DC. https://www.epa.gov/remedytech/brownfields-technology-primer-requesting-and-evaluating-proposals-encourage-innovative.

③ European Commission. 2006. The soil thematic strategy. https://ec.europa.eu/environment/soil/three_en.htm.

④ USEPA. Treatment technologies for site cleanup：annual status report，12th edition. Office of Solid Waste and Emergency Response，Washington，DC. https://www.epa.gov/remedytech/treatment-technologies-site-cleanup-annual-status-report-twelfth-edition.

足的经济保障；③2002～2004 年的跃进阶段，美国超级基金总额出现最低值，土壤修复行业日渐成熟；④2005 年至今的调整阶段，补充制定《小规模企业责任减轻和棕地振兴法》，阐明了污染责任人与非责任人的界限，保护了土地所有者或使用者的权利，为促进污染场地治理与开发提供法律保障。

在技术应用方面，国际上大致可分为 3 个阶段：①20 世纪 80 年代以前，土壤修复治理主要采用简单的物理和化学手段，如挖掘填埋、客土和化学稳定等；②20 世纪 80 年代～21 世纪初，修复技术逐渐多元化，主要包括化学氧化还原、监测自然衰减、土壤淋洗和热脱附等技术，另外，植物、微生物修复作为新型的修复技术备受关注；③21 世纪以来，土壤修复仍以这些物理、化学和生物修复技术为主，但开始提倡高效、低能耗、低风险的绿色可持续治理体系。

1.1.2　中国土壤修复发展历程

我国全面启动土壤污染修复工作起步较晚，直至 2004 年国家环境保护总局才提出对污染场地监测和修复后才能再利用的要求[《关于切实做好企业搬迁过程中环境污染防治工作的通知》（环办〔2004〕47 号）]。近年来，我国开始重视对土壤环境的保护，对城市污染场地修复治理与安全再利用尤为关注。从 2013 年发布《关于印发近期土壤环境保护和综合治理工作安排》，2014 年出台《污染场地土壤修复技术导则》等土壤保护相关标准规范，2016 年印发《土壤污染防治行动计划》（简称“土十条”），到 2019 年施行《中华人民共和国土壤污染防治法》，逐步完善了我国土壤环境保护与污染控制的政策法规体系，为我国土壤修复事业的发展提供了重要支撑。近年来，我国污染土壤修复相关政策法规见表 1.1。

表 1.1　我国污染土壤修复相关政策法规

政策法规	发布/施行时间	发布单位	主要内容/目的
《中华人民共和国土壤污染防治法》	2019 年 1 月	中华人民共和国生态环境部	首次制定的土壤污染防治专门法律，填补了我国土壤污染防治立法空白
《污染地块土壤环境管理办法（试行）》	2017 年 7 月	中华人民共和国环境保护部	明确了各方责任，并从污染调查、风险评估、风险管控、治理修复、效果评估五方面提出具体管理措施
《土壤污染防治行动计划》	2016 年 5 月	中华人民共和国国务院	计划要求到 2020 年，全国土壤污染加重趋势得到初步遏制，土壤环境质量总体保持稳定，农用地和建设用地土壤环境安全得到基本保障，土壤环境风险得到基本管控
《国务院办公厅关于推行环境污染第三方治理的意见》	2015 年 1 月	中华人民共和国国务院办公厅	首次提出把污染场地修复纳入治理范围，建议采用环境绩效合同服务模式引入第三方治理

续表

政策法规	发布/施行时间	发布单位	主要内容/目的
《关于加强工业企业关停、搬迁及原址场地再开发利用过程中污染防治工作的通知》	2014 年 5 月	中华人民共和国环境保护部	搬迁关停工业企业应当及时公布场地土壤和地下水环境质量状况； 组织开展关停搬迁工业企业场地环境调查； 严控污染场地流转和开发建设审批； 加强场地调查评估及治理修复监管
《全国土壤污染状况调查公报》	2014 年 4 月	中华人民共和国环境保护部和中华人民共和国国土资源部	全国土壤总的点位超标率为 16.1%，其中轻微、轻度、中度和重度污染点位比例分别为 11.2%、2.3%、1.5%和 1.1%
《污染场地土壤修复技术导则》等 5 项标准	2014 年	中华人民共和国环境保护部	为各地开展场地环境状况调查、风险评估、修复及治理提供技术指导与支持，为推进场地污染防治法律法规体系建设提供基础支撑
《关于印发近期土壤环境保护和综合治理工作安排》	2013 年 1 月	中华人民共和国国务院办公厅	到 2015 年，全面摸清我国土壤环境状况，建立严格的耕地和集中式饮用水水源地土壤环境保护制度，初步遏制土壤污染上升势头； 力争 2020 年，建成国家土壤环境保护体系，使全国土壤环境质量得到明显改善
《重金属污染综合防治"十二五"规划》	2011 年	中华人民共和国环境保护部	确定 14 个重金属污染综合防治重点省份、138 个重点防治区域和 4452 家重点防控企业

相较于欧美等发达国家，我国土壤修复技术的研究和发展还存在很大差距。我国土壤修复技术的研发经历了三个阶段：第一阶段为萌芽阶段（2000 年之前），主要采用客土、覆土、施石灰等简单工程措施治理退化或污染土壤；第二阶段为起步阶段（2000～2010 年），着重发展基于超富集植物的重金属污染土壤修复技术，开启了我国土壤污染治理的热潮，"十一五"期间，北京和重庆等地开始启动场地修复探索工作；第三阶段为发展阶段（2011 年至今），国家相关部委、中国科学院及北京市等地方政府均投入大量科研经费资助各类土壤污染修复技术研发，涉及土壤淋洗、化学氧化、热脱附、固化稳定化等技术体系，促进了我国场地土壤修复技术和装备的迅速发展，在"土十条"要求下，建立了 6 个土壤污染防治先行示范区来探索技术落地模式和成功应用经验。

1.2　土壤修复技术应用情况分析

经过几十年的研发攻关和工程实践，全球场地土壤修复技术不断发展升级并取得了显著的进步，现有数十种物理、化学或生物的修复技术，还不断出现各类新型的组合修复模式。

1.2.1　美国场地土壤修复技术应用情况

由于不同种类污染物的物理、化学性质存在较大差异，针对不同类型污染土壤所采用的修复技术会有所不同。场地污染物主要分为四大类：挥发性有机物（VOCs）、半挥发性有机物（SVOCs）、金属类和其他类污染物。美国“超级基金计划”项目中有超过 1/2 的场地同时含有 VOCs、SVOCs 和金属三大类污染物，有约 1/4 的场地同时存在两类污染物。在 1056 个涉及土壤污染问题的修复场地中，重金属污染问题最为严重，累计有 792 个（75%）场地存在重金属污染问题，有机污染则以卤代 VOCs 和 PAHs 污染问题居多，分别占总修复场地数的 49%和 47%（图 1.4）。

《超级基金修复报告（第 14 版）》[*Superfund Remedy Report*（*14th Edition*）] 统计数据显示①，1982～2011 年，污染源处理工程项目中原位修复技术中应用最为广泛的是原位土壤气相抽提，有 24%的场地应用该技术，其次是原位固化/稳定化（5%的场地）、原位微生物修复（5%的场地）、原位多相萃取（4%的场地）和原位化学处理（3%的场地）；异位修复技术中应用最多的是异位固化/稳定化，有 17%的场地应用该技术，其次是异位焚烧（12%的场地）、异位物理分离（8%的场地）、异位热处理（6%的场地）和异位微生物修复（5%的场地），详见图 1.5。

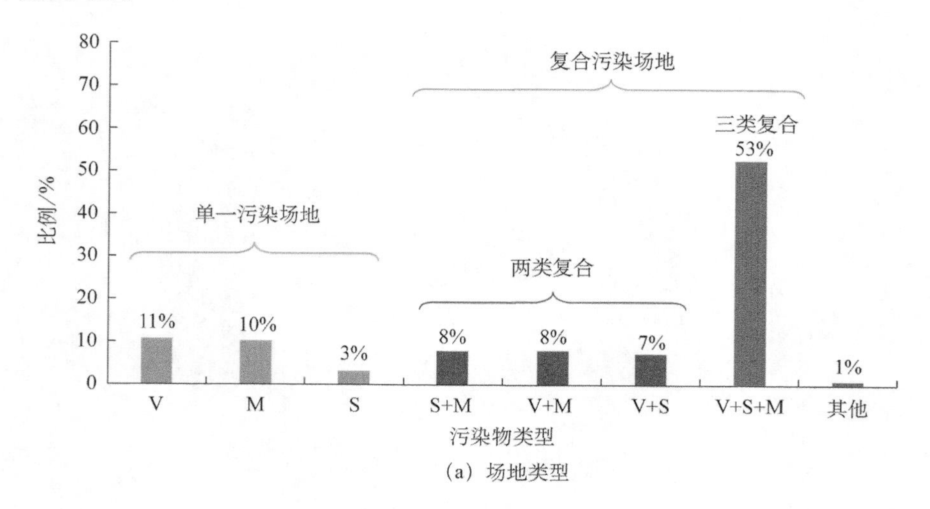

（a）场地类型

① USEPA. Superfund remedy report，14th edn. Office of Solid Waste and Emergency Response，Washington，DC. www.epa.gov/remedytech/superfund-remedy-report.

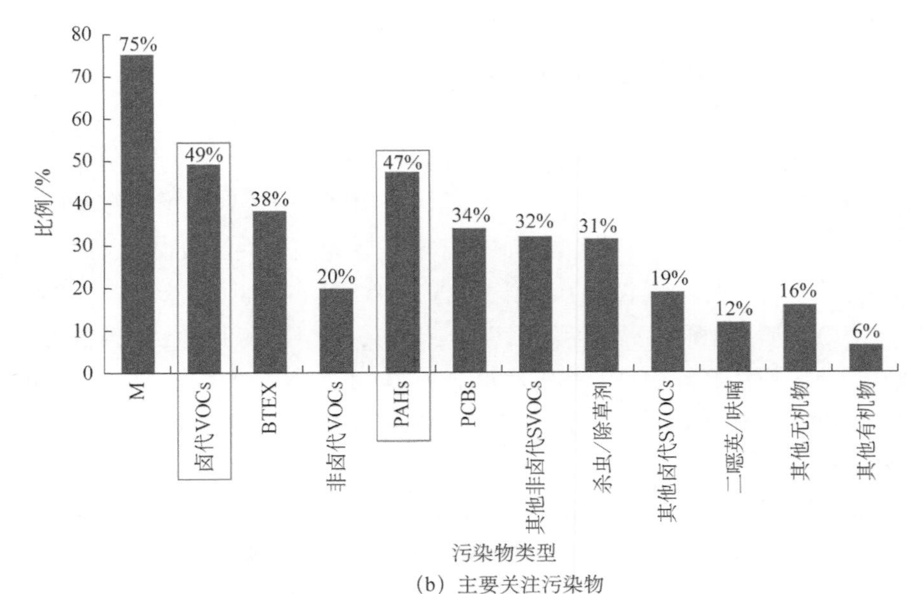

(b) 主要关注污染物

图 1.4 美国超级基金污染场地类型及主要关注污染物

V：挥发性有机物（VOCs）；M：金属类污染物（Metal）；S：半挥发性有机物（SVOCs）；S+M：半挥发性有机物+金属类污染物；V+M：挥发性有机物+金属类污染物；V+S：挥发性有机物+半挥发性有机物；V+S+M：挥发性有机物+半挥发性有机物+金属类污染物；BTEX：苯系物；PAHs：多环芳烃；PCBs：多氯联苯

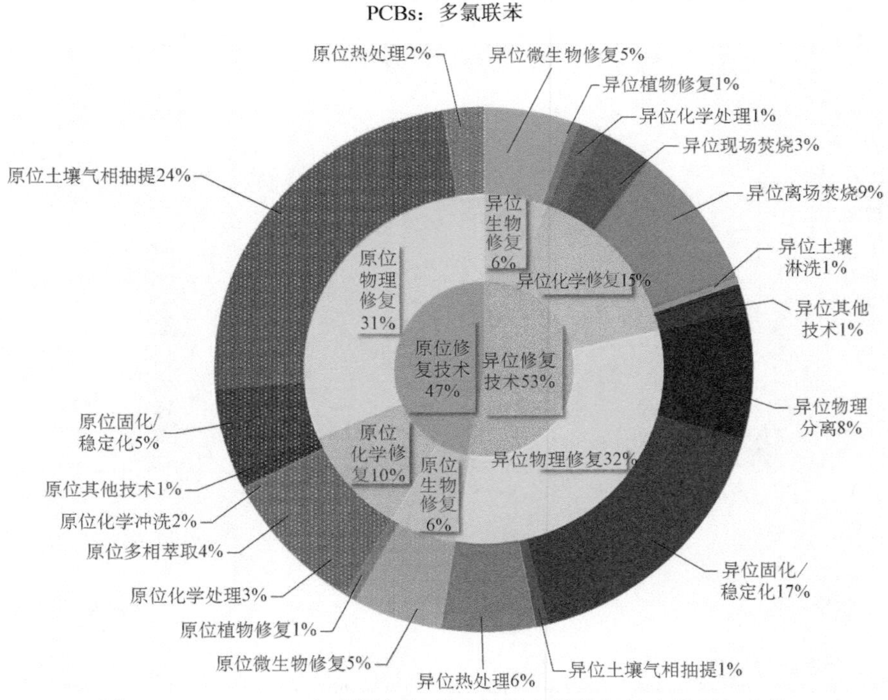

图 1.5 1982～2011 年美国超级基金场地土壤修复技术类型与占比

随着经济社会发展和科技创新进步，修复技术向着高效率、低能耗、低成本方向发展，原位修复技术得到更广泛的应用。2000 年之前，美国超级基金场地污染土壤修复以异位修复技术为主（58%的场地），其中以异位固化/稳定化（19%的场地）、异位离场焚烧（13%的场地）、异位热脱附（8%的场地）和异位微生物修复（7%的场地）等技术应用较为广泛①。21 世纪以来，污染场地土壤修复工程则更多地采用了原位修复技术（54%的场地），且除传统上常用的原位土壤气相抽提和异位固化/稳定化技术外，原位多相萃取、原位化学处理和异位物理分离技术明显受到更多的关注，对于容易产生二噁英毒害作用的焚烧技术则应用越来越少（图 1.6）②。

原位修复技术不需要挖运土壤，具有修复成本低、适宜对深层污染介质修复、对施工人员健康影响小等优点。在 1982～2011 年，美国土壤污染修复工程中原位修复技术应用呈现出波动式增长的趋势，其年平均增长速率达 1.2%（图 1.7）。原位修复技术还能最大限度降低治理过程中的二次污染风险，对社会和环

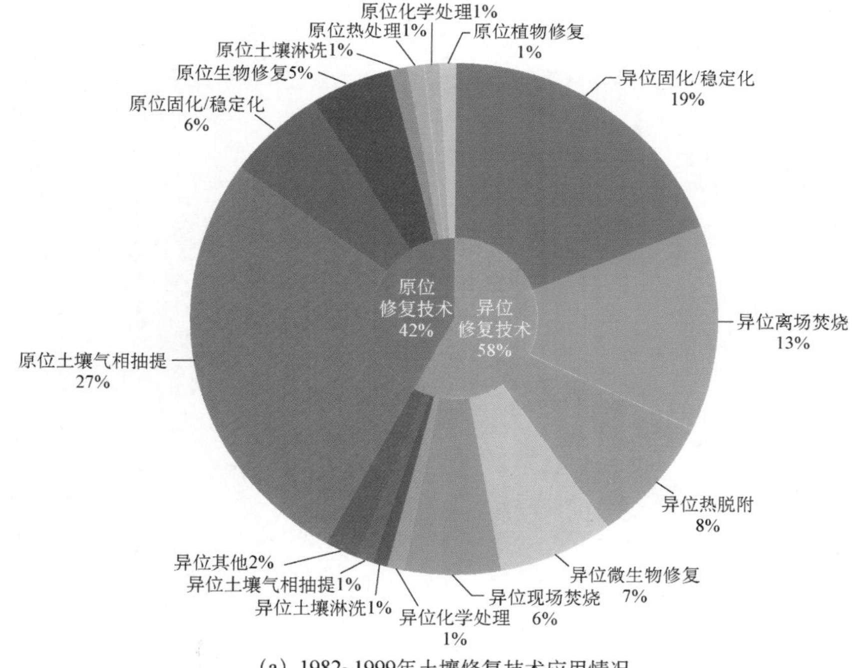

(a) 1982~1999年土壤修复技术应用情况

① USEPA. Treatment technologies for site cleanup: annual status report, 10th edn. Office of Solid Waste and Emergency Response，Washington，DC.https://nepis.epa.gov/Exe/ZyPURL.cgi?Dockey=10002V1F.txt.

② USEPA. Superfund remedy report，15th edn. Office of Land and Emergency Management，Washington，DC. www.epa.gov/remedytech/superfund-remedy-report.

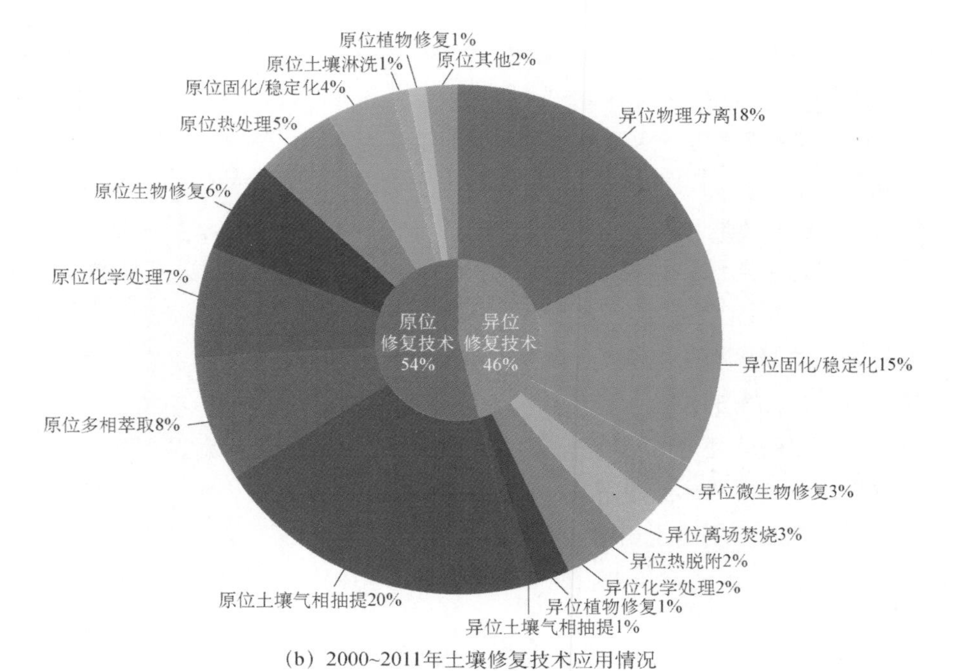

（b）2000~2011年土壤修复技术应用情况

图 1.6　1982～1999 年和 2000～2011 年土壤修复技术应用情况

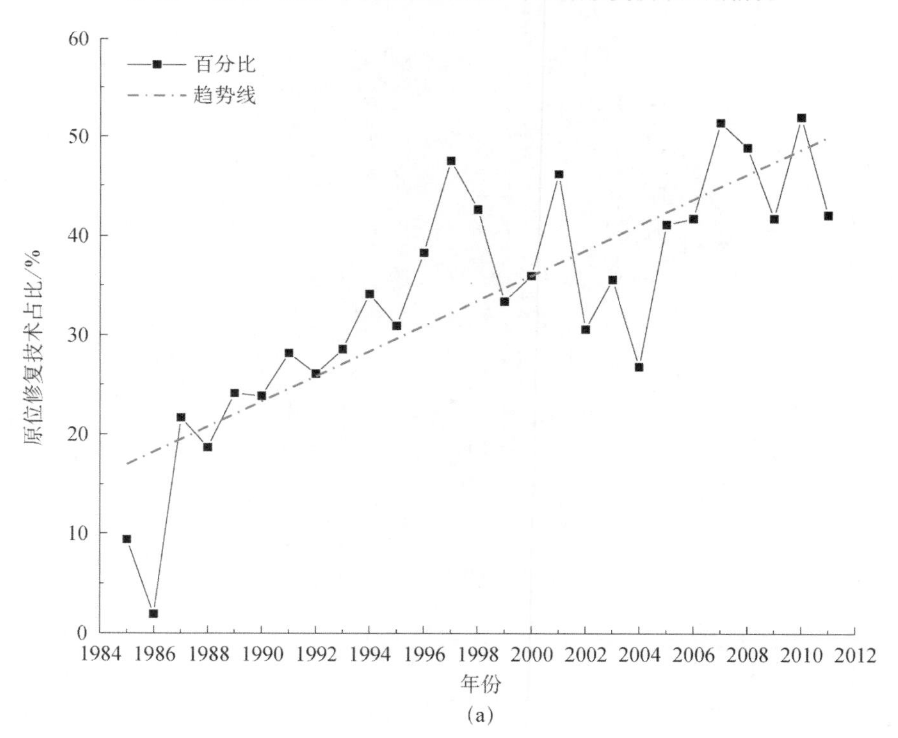

(a)

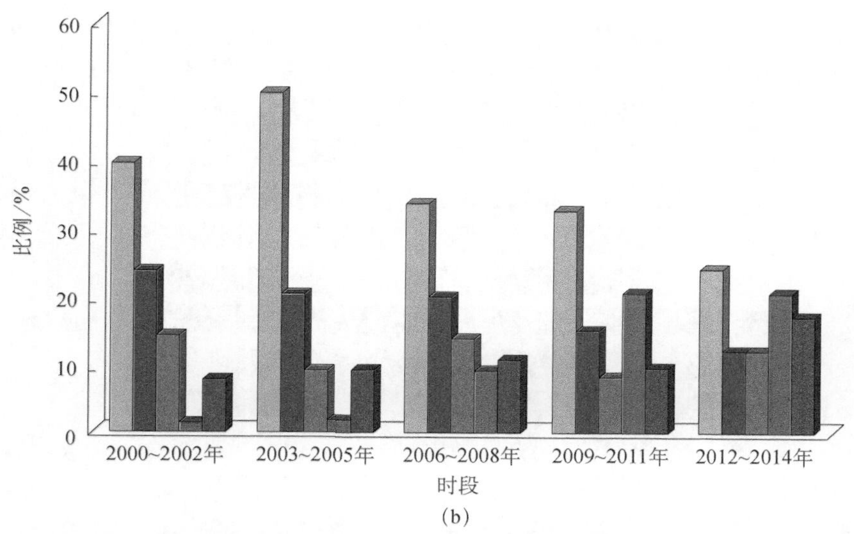

(b)

■原位土壤气相抽提 ■原位固化/稳定化 ■原位生物修复 ■原位化学处理 ■原位热处理

图 1.7　美国超级基金场地土壤污染原位修复技术应用趋势（a）及类型变化（b）

境的影响较小，可有效规避“邻避效应”。原位修复技术将逐步成为未来场地污染治理的主导方向，将会有更多的异位修复技术被原位修复技术所取代。对美国超级基金污染场地修复工程中应用最多的 6 种原位修复技术进行分析发现，在 2000～2014 年，原位土壤气相抽提和原位固化/稳定化两类传统技术应用占比呈波动下降趋势，原位生物修复技术的应用比例基本不变，创新修复技术中原位化学处理和原位热处理的应用则呈现波动增长趋势。

1.2.2　欧洲场地土壤修复技术应用情况

如图 1.8 所示，1975～2011 年，欧洲污染场地土壤修复项目中最常用的土壤修复技术为传统的挖掘处理和异位处理，占比约为 30%；原位修复技术和异位修复技术的应用比例相当，以生物、物理/化学和热脱附处理技术应用为主。基于上述三种技术开展污染修复的场地项目约占总项目数的 60%，其中原位热脱附、原位生物处理和原位物理/化学处理修复技术占 27%，异位热脱附、异位生物处理和异位物理/化学处理修复技术占 33%（Marc et al.，2014）。在实际污染场地修复工程中，除传统的挖掘处置技术外，生物处理技术应用最为广泛（26%），且以异位生物处理应用居多（19%）。另外，将污染土壤作为废弃物而非可再生资源处理（包括挖掘处置技术、污染场地管制等）的工程项目在欧洲同样占有较大比重，达到 37%。

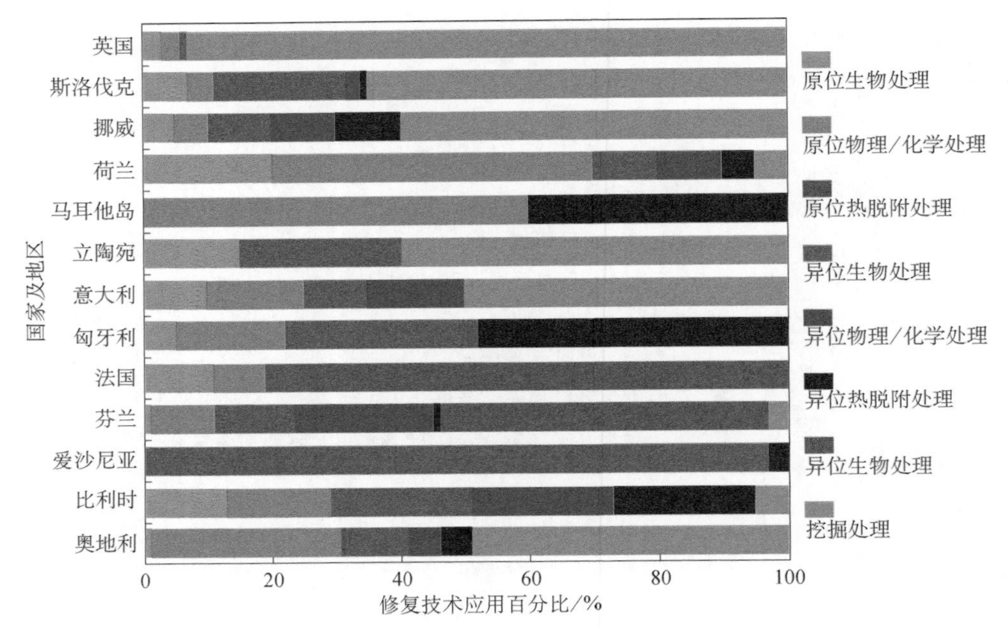

图 1.8 欧洲各国及地区常用污染土壤修复技术类型及应用情况

1.2.3 中国场地土壤修复技术应用情况

与欧美等发达国家相比，我国土壤修复技术研发起步较晚，现阶段有 68%的土壤修复工程采取了污染治理措施，32%的工程则仅采取了污染阻断（阻控填埋）措施（图 1.9）。在采取污染治理措施的土壤污染修复工程中，以物理化学的固化/稳定化修复技术最为常见，应用比例达 23%；矿山生态修复占 15%；化学氧化修复技术为其次（5%）；植物和微生物修复技术应用相当，均为 4%；物理修复技术应用最少（2%）。

1.3 污染场地土壤修复技术发展趋势

随着场地土壤污染问题的复杂化、关注目标污染物的多样化以及修复目标的严格化，现有土壤修复技术已难以满足土壤修复工程的需要。土壤修复技术正从传统的物理、化学修复技术向多元化发展；从单一的修复技术发展到多技术集成修复；从关注单一污染物修复发展到多种污染物复杂环境的修复。因此，在现有技术储备的基础上，还应从国家经济社会发展水平、国家科研水平等多

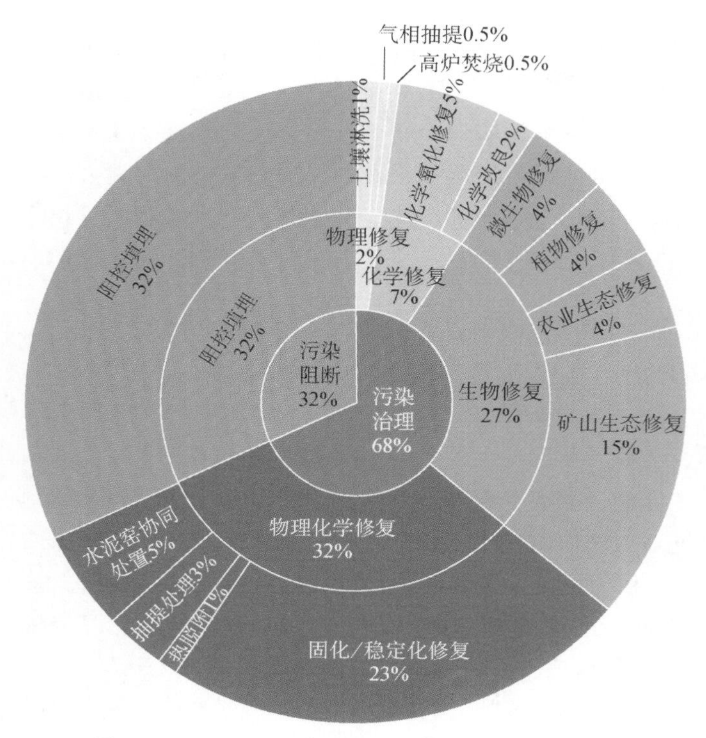

图 1.9　2008～2016 年我国土壤修复技术应用现状

方面综合考虑修复技术的选择和发展方向。

1.3.1　发展绿色高效且环境友好的修复技术

开发低风险、低成本、低能耗的修复方法一直是环境修复领域的重要研究方向。近年来，微生物修复、植物修复和监测自然衰减等绿色技术获得更多关注。植物修复技术利用植物对污染物的提取、降解作用实现土壤环境污染物的修复治理，修复过程中不需要添加化学材料，无二次污染产生，且不会破坏土壤结构及其生态功能。基于土壤高效专性微生物资源的微生物修复技术、基于土壤生态功能修复的监测自然衰减技术等环境友好类的修复技术都将是未来土壤修复技术研发的重要方向。此外，发展绿色、环境友好的修复材料既满足了环境保护本身的需要，同时也满足降低修复成本的需要。

1.3.2　研制定制化、智能化的土壤修复设备

很多土壤修复技术都依赖修复设备和监测仪器的支撑。例如，原位化学氧

化需要药剂配制装置和加压注入设备；淋洗技术需要筛分模块、洗脱模块和废液处理装置；固化/稳定化技术需要药剂搅拌混合装置；甚至植物修复技术都需要植物收获物的资源化利用装置。此外，设备化的修复技术是土壤污染修复走向市场化和产业化的基础，应用基于设备化的修复技术将大大推动土壤修复产业的发展和进步。对于工业污染场地，由于其再开发的利用需求及位置的特殊性，需要专业设备开展修复工作。因此，开发和应用基于设备化的污染场地土壤修复技术将成为场地污染修复的发展趋势。

1.3.3 发展多工艺组合或集成的修复模式

很多工业场地涉及污染面积大、污染来源复杂的问题，其治理修复面临工程复杂、治理周期长和要求专业背景强等困难。由于大型复杂场地的污染不确定性和现有场地土壤修复技术的保守性，目前单项修复技术通常难以满足大型复杂污染场地的污染修复需求。因此，开展多技术联合应用研究，发展多种修复技术的集成解决方法，有助于突破单一修复技术的局限性，切实解决大型复杂污染场地污染物多样、空间分异大、水文地质条件复杂等难题。此外，异位修复是将受污染土壤挖掘转运至指定区域进行处理和处置，存在着处理成本高、二次污染风险大和难以治理深层污染土壤等不足。发展多种原位修复技术，如原位气相抽提技术、原位生物修复技术、原位固化/稳定化技术等，满足不同污染场地修复的需求，也成为近年来污染场地土壤修复的趋势。

参 考 文 献

李发生，丁琼，颜增光. 2010. 污染场地术语手册. 北京：科学出版社.

廖晓勇，崇忠义，阎秀兰，等. 2011. 城市工业污染场地：中国环境修复领域的新课题. 环境科学，32（3）：784-794.

骆永明. 2009. 污染土壤修复技术研究现状与趋势. 化学进展，21（2）：558-565.

杨勇，何艳明，栾景丽，等. 2012. 国际污染场地土壤修复技术综合分析. 环境科学与技术，35（10）：92-98.

Marc V L，Gundula P，Sabine R B，et al. 2014. Progress in the Management of Contaminated Sites in Europe. Luxembourg：Publications Office of the European Union.

Mulligan C N，Yong R N，Gibbs B F. 2001. Surfactant-enhanced remediation of contaminated soil：a review. Engineering Geology，60（9）：371-380.

Vranes S，Gonzalez V E，Lodolo A，et al. 2001. Decision support tools：applications in remediation technology evaluation and selection//NATO/CCMS. Evaluation of demonstrated and emerging technologies for the treatment of and clean-up of contaminated land and groundwater（Phase III）（special session：decision support tools No. 245）. Washington DC：United States Environmental Protection Agency：42-57.

第2章　化学氧化修复技术

2.1　技 术 概 述

化学氧化修复技术是向污染土壤中加入化学氧化药剂，通过氧化剂与污染物之间的化学反应作用，将土壤中的有机污染物转化为低毒或无毒物质的一种技术。该修复技术出现较早，发展和应用都较为成熟，是工业污染场地的主流修复技术之一。化学氧化修复技术发展历程见图 2.1。

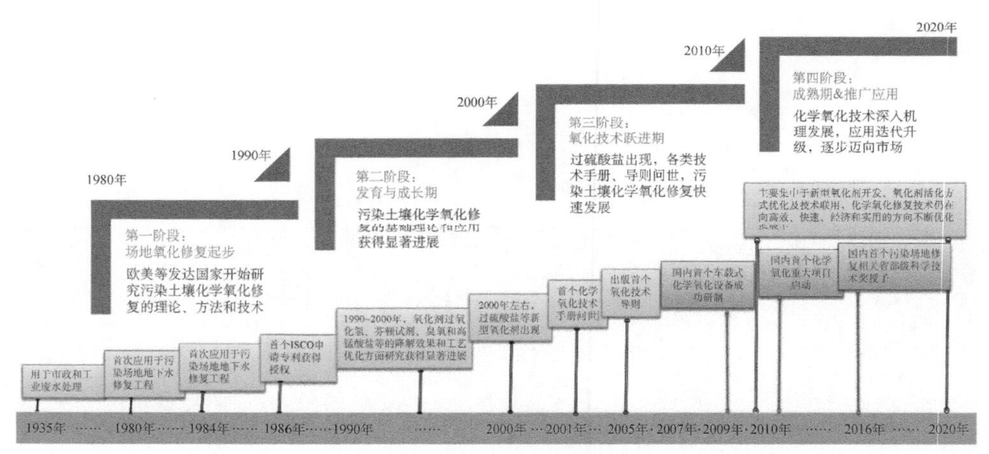

图 2.1　化学氧化修复技术发展历程

ISCO 为原位化学氧化技术

20 世纪 30 年代，化学氧化技术首次被用于饮用水消毒及市政和工业废水中有机污染物的去除。20 世纪 80 年代，该技术被应用于污染场地地下水实际修复工程中，并取得了良好的治理效果（Brown and Norris，1985）。当时的研究主要集中于对氧化剂如过氧化氢、芬顿试剂、臭氧和高锰酸盐等的降解效果和工艺优化方面（Watts et al.，1990；Nelson and Brown，1994；Marvin et al.，1998）。随后，过硫酸盐等新兴氧化剂的出现进一步促进化学氧化技术的发展（Brown

et al.，2001；Block et al.，2004）。美国国家环境保护局（USEPA）、州际技术监督委员会等分别发布了《化学氧化技术手册》《原位化学氧化修复技术导则》等[①]。（Siegrist et al.，2001）。近年来，化学氧化技术研究主要集中于新型氧化剂开发（Li et al.，2019）、氧化剂高效活化（刘琼枝等，2018）及技术联用（Li et al.，2019；Liao et al.，2018）等方面，化学氧化修复技术仍在向高效、安全和经济的方向不断优化发展中。

2.2　技术原理

化学氧化降解有机污染物的机理通常包括加氧、氢取代/去除、电子夺取等（图 2.2）。化学氧化修复技术应用的氧化剂主要有高锰酸盐、芬顿试剂（催化活化的过氧化氢）、过氧化氢、过硫酸盐、臭氧等。早期最常用的氧化剂是高锰酸盐和芬顿试剂，其次是臭氧。高锰酸盐主要通过直接氧化的方式降解有机污染物。芬顿试剂是在过氧化氢的基础上发展而来的一种更为有效的氧化剂，主要是通过亚铁离子与过氧化氢反应生成羟基自由基来降解有机污染物。臭氧降解有机污染物的原理有两种：一为直接氧化，二为利用 OH^-、Fe^{2+}、腐殖质、过氧化氢等形成的自由基氧化降解污染物。过氧化氢可以直接氧化降解有机污染物，还可与臭氧联合应用，即利用臭氧作为催化剂，产生羟基自由基，增强氧化能力。过硫酸盐作为新兴的氧化剂，近年来逐渐受到了关注。过硫酸盐本身可以直接氧化有机物，也可以通过光、热、还原性金属或氢氧化物等其他条件催化形成硫酸盐自由基及其他自由基来氧化有机物。

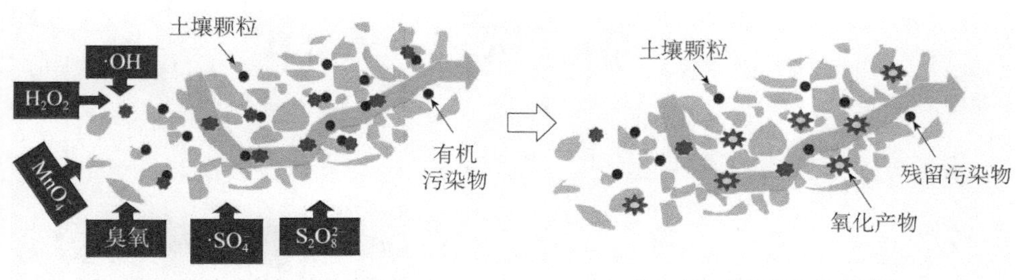

（a）化学氧化自由基与污染物结合　　（b）氧化后污染物转化情况

图 2.2　化学氧化修复示意图

① ITRC 2005. Technical and Regulatory Guidance for In Situ Chemical Oxidation of Contaninated Soil and Groundwater. Second edition.ITRC Guidance and Document.

根据修复位置的不同，化学氧化技术可分为原位化学氧化和异位化学氧化。其中原位化学氧化是通过向污染土壤/地下水中注入氧化剂，利用其强氧化性与污染土壤/地下水中的污染物发生化学反应，使目标污染物氧化分解，从而达到修复目的。原位化学氧化系统主要包括药剂配制装置、输送装置、注入井和监测井等部分（图 2.3）。异位化学氧化则是将污染土壤/地下水清挖/抽取后运至场区内的化学氧化处理区域，向污染土壤/地下水中添加强氧化剂，并利用搅拌设备对土壤/地下水及氧化剂进行充分搅拌，使得氧化剂与土壤/地下水得到均匀且高效的融合，使污染物降解，从而达到修复目的。异位化学氧化系统包括土壤预处理系统、药剂混合系统和防渗系统等。

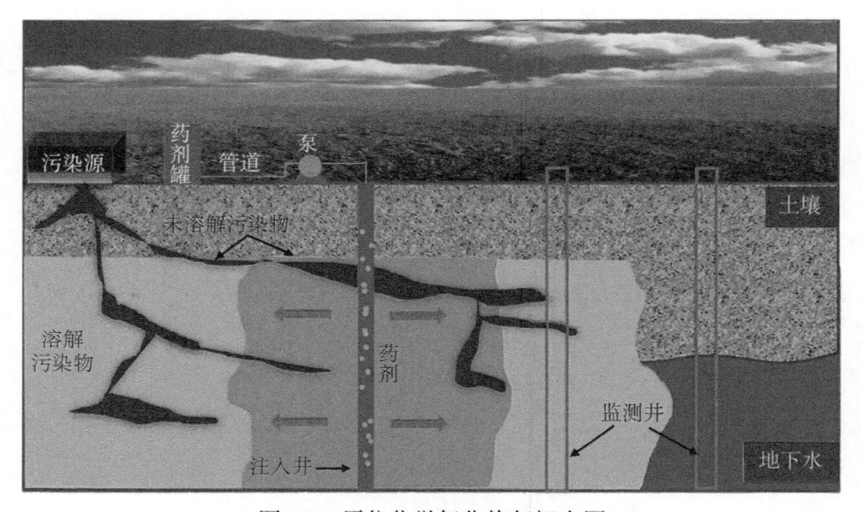

图 2.3 原位化学氧化修复概念图

2.3 技术适用范围与优缺点

2.3.1 技术适用范围

化学氧化修复技术可用于处理受石油烃、BTEX（苯系物，如苯、甲苯、乙苯、二甲苯）、酚类、甲基叔丁基醚（MTBE）、含氯有机溶剂、多环芳烃、农药等大部分有机物污染的土壤。化学氧化修复技术可用于不同环境条件下污染土壤和地下水中污染物的去除，尤其适用于渗透性高的土壤。然而，由于介质传导效率的因素，该技术在低渗透性土壤中的修复效果较差。不同化学氧化剂对于污染物的适用性见表 2.1。

表 2.1　不同化学氧化剂对于污染物的适用性

氧化剂	适用	较适用	不适用
H_2O_2 /Fe	TCA、PCE、TCE、DCE、VC、BTEX、CB、MTBE、TBA、酚类、1,4-二噁烷、烈性炸药	DCA、PAHs、CH_2Cl_2、CCl_4、PCBs	$CHCl_3$、杀虫剂
O_3	PCE、TCE、DCE、VC、BTEX、CB、MTBE、TBA、酚类、烈性炸药	DCA、CH_2Cl_2、PAHs	TCA、PCBs、$CHCl_3$、杀虫剂，CCl_4
O_3 /H_2O_2	TCA、PCE、TCE、DCE、VC、BTEX、CB、MTBE、TBA、酚类、1,4-二噁烷、烈性炸药	DCA、CH_2Cl_2、PAHs、PCBs、CCl_4	$CHCl_3$、杀虫剂
高锰酸钾（钠）	PCE、TCE、DCE、VC、BTEX、PAHs、酚类、烈性炸药	苯、杀虫剂	TVA，PCBs，$CHCl_3$，CCl_4
过硫酸盐	PCE、TCE、DCE、VC、BTEX、CB、MTBE、TBA	PAHs、炸药、杀虫剂	PCBs

2.3.2　技术优点

化学氧化修复技术具有普适性强、处理效果好、修复时间短的优势，可以进行原位修复，受场地地面建筑影响较小，可以和物理、微生物技术联合修复，具有广泛的应用前景。该技术的优点如下。

（1）适用范围较广，能够用于去除多种有机污染物，而且各种赋存形态的污染物都能够被转化，包括溶解态、吸附态、非水相等。

（2）化学反应强度大，反应时间短（修复周期小于 6 个月），修复效率高。

（3）反应过程中的产热效应可促进污染物降解。大部分化学氧化反应均为放热反应，氧化反应过程中产生的热量能够促进污染物的迁移，包括污染物的解吸和溶解等，一定程度上有利于污染物的去除，同时还能提高氧化反应的速率。

（4）可原位修复，易与其他修复技术联合（化学淋洗、微生物修复、气相抽提），从而达到提高修复效率、降低修复成本的效果。

2.3.3　技术缺点

化学氧化修复技术发展较早，也相对成熟，但化学氧化修复技术也存在一定的局限性，具体如下。

（1）易受土壤性质的影响。化学氧化剂注入土壤后，其在土壤中的扩散受土壤孔隙结构、渗透性等多方条件影响，导致药剂扩散范围小，扩散不均匀等。此外，化学氧化反应后的氧化产物也可能会降低土壤渗透性（如高锰酸钾反应后生成固体二氧化锰），从而影响后续的修复。

（2）土壤中某些天然有机质会消耗大量的氧化剂（竞争性消耗），影响污染物的去除效率，同时增加修复成本。

（3）氧化剂传输过程中可能导致污染的转移，致使污染范围扩大，处理难度增加。

2.4　技术影响因素

影响化学氧化修复效率的因素主要是土壤状况、污染物的物理化学特性以及氧化剂的浓度、应用条件等。

2.4.1　土壤条件

影响化学氧化修复效率的土壤性质主要包括含水量、土壤质地、土壤渗透性、还原性物质含量等。

含水量：土壤含水量越高，臭氧作为氧化剂处理的效果越差。Rivas（2006）研究发现土壤含水量从 0 增加到 50%，臭氧对菲的去除率明显下降，水分增加，污染物不易跟氧化剂接触，与氧化剂的反应时间减少；并且潮湿土壤孔隙减少，气态氧化剂的输送受到阻碍，臭氧甚至可能会溶解在毛孔水中并进一步分解。因此，臭氧在水环境中的氧化效率较气相中低。另外，含水量增加也会导致可溶性有机碳浓度增加，它们会与污染物竞争氧化剂。经 20mg/kg 的臭氧处理 6h 后，含水量为 20%和 50%的土壤中，菲去除率分别小于 50%和 25%，而风干土中菲去除效率达 75%～85%（Mahony et al.，2006）。但也有研究表明，土壤含水量略为增大，会导致土壤结构的破碎，从而使土壤暴露的表面积增大，污染物更易从土壤基质上解吸，移动性和生物有效性都增大，因此有利于其降解（邢维芹等，2007）。

土壤质地：通常而言，土壤中的黏粒含量越高，氧化处理的效果就越差。这是由于污染物容易被吸附在黏粒微孔中，难以与氧化剂发生接触；氧化剂还可能与土壤黏粒吸附的有机质反应，使得其对污染物的降解能力下降。相反，砂土的孔隙大，有利于氧化剂的输送，因此，砂土中污染物的降解效率比在黏土中高。金属氧化物也可在砂土表面充当催化位点，加速氧化剂的分解，使污染物的降解率增加（Mahony et al.，2006）。Nam 和 Kukor（2000）研究了臭氧对 PAHs 生物降解的促进作用，发现砂土中 PAHs 去除率比粉砂壤土中 PAHs 去除率要高

20%～40%。

土壤渗透性：土壤渗透性越低，氧化处理的效果越差。Bogan 等（2003）研究表明，PAHs 的氧化效率受孔隙度影响较大，尤其是对于低环（3～4 环）的 PAHs 影响尤为明显。原位化学氧化修复适宜于高渗透性土壤，对于渗透性低的土壤，则需要通过改进氧化剂的输送技术，如采用深层土壤混合和土壤破裂等方式达到修复目的。

还原性物质含量：土壤中还原性物质含量越高，氧化处理的效果越差。包括环境中自然存在的有机质、人类活动中产生的有机物质以及还原态的无机物质等在内绝大多数还原性的物质都会同污染物竞争氧化剂，进而导致修复效率下降。例如，土壤中的有机质会同污染物竞争羟基自由基，并抑制其降解。Sun 和 Yan（2007）在土壤有机质含量（SOM）对芬顿试剂氧化芘的影响研究中发现，芘与 SOM 中的芳香碳结合后难以被氧化降解，并且随着 SOM 的增加，其去除率下降。Bogan 等（2003）研究发现，当总有机碳（TOC）含量为 5.78%时，芬顿试剂对 PAHs 的氧化效率最高，当 TOC 含量进一步降低或提高时，PAHs 的去除率均下降。但也有研究认为，土壤中的一些金属氧化物能够促进臭氧分解成活性更高的羟基自由基，从而增加其氧化能力（Mahony et al.，2006）。

2.4.2 污染物性质

有机污染物的物理化学特性，如分子结构、分子量大小、水溶性以及辛醇-水分配系数等会影响其化学氧化修复效率。Nam 和 Kukor（2001）研究发现，芬顿试剂对 2～3 环的 PAHs 去除率能达到 80%，而对 4～5 环的 PAHs 去除率只有 20%～40%。PAHs 随着芳香环的增加，在水中的溶解度减小，臭氧对其去除率也随之降低。萘（2 环）在 2 天后几乎全部去除；芴和菲（均为 3 环）在 4 天后，只残留 4.9%和 5.8%；蒽（3 环）在 4 天后去除 60%；而芘、䓛和苯并[a]芘（均为 4 环）在四天后仅去除 10%～20%。Carrere 等（2006）研究了 PAHs 的物理化学参数与其降解难易程度的关系，发现在相同的条件下，去除率最高的是菲和蒽，它们的水溶性最高，分子量最小，辛醇-水分配系数最低。茚并[1,2,3-cd]芘水溶性最低，分子量最大，辛醇-水分配系数最高，去除率最低。苯并[b]荧蒽与苯并[a]芘的分子量、水溶性和辛醇-水分配系数基本相同，但其去除率不同。这主要是因为苯并荧蒽存在一个环戊烷结构，但苯并[a]芘只有芳香环。Quan 等（2003）也发现，用芬顿试剂处理污染物时，H_2O_2 的需要量受污染物的辛醇-水分配系数影响，辛醇-水分配系数越大，所需的 H_2O_2 浓度越大。

总的来说，PAHs 的水溶性与去除率呈正相关，而分子量、辛醇-水分配系数、芳香环和环戊烷结构的数量则与其去除率呈负相关，其中影响最大的是PAHs的水溶性和环戊烷结构的数量。因此，PAHs降解的限制主要是PAHs的解吸和从泥浆相到液相中的转移。通常，含有2～3个苯环的PAHs水溶性较高，其反应活性也较强，而多于3个苯环的PAHs则相对难溶于水，反应活性也相对较低。

2.4.3 氧化剂与催化剂的浓度及比例

大量研究表明，化学氧化过程中，氧化剂与催化剂浓度及比例对修复效率有重大影响。Sun和Pignatello（1992）研究发现，芬顿试剂中H_2O_2和$FeSO_4$的浓度存在最佳范围，农药2,4-二氯苯氧乙酸的氧化效率在一定范围内与H_2O_2浓度呈正相关，与螯合剂浓度呈负相关，超过一定范围则不符合此规律。伏广龙等（2007）在研究芬顿试剂对柠檬酸废水的处理效果时发现，H_2O_2浓度为80mg/L时，处理效果最好，H_2O_2浓度继续增加，COD_{Cr}去除率基本不变。同样，柠檬酸废水溶液COD_{Cr}的去除率随Fe^{2+}浓度的增大而逐渐增大，最后趋于平稳，所以$FeSO_4$浓度为0.15g/L是最好的。石建军和蔡兰坤（2005）研究发现，随H_2O_2浓度的增加，MTBE的去除率先增大，而后下降，每升水样中添加0.5mL H_2O_2时效果最好。何丹凤等（2008）研究了芬顿试剂对水体中PAHs的去除效率，当$FeSO_4$浓度较低时，随着其浓度的增加，3种多环芳烃的去除率均有明显提高；当$FeSO_4$浓度达到3.0mmol/L后，多环芳烃去除率反而有所下降。当H_2O_2浓度较低时，随着其浓度的增加，3种多环芳烃的去除率均有明显提高；当H_2O_2浓度达到20mmol/L后继续增加H_2O_2浓度，多环芳烃去除率不再增加，甚至有略微的下降趋势。

Fe^{2+}的投加量及其与H_2O_2的比例直接影响·OH的生成，一般c（Fe^{2+}）/c（H_2O_2）的值为20～100较合适（范拴喜和江元汝，2007）。但也有研究表明，在利用芬顿试剂处理有机废水时，c（Fe^{2+}）/ c（H_2O_2）的值为0.3～1效果较好。石建军和蔡兰坤（2005）研究了芬顿试剂对MTBE的氧化能力，发现Fe^{2+}/H_2O_2配比小于1∶5时，MTBE的去除率明显下降，配比由1∶5上升到1∶1时，MTBE的去除率没有明显的变化。孙燕英等（2007）研究发现，添加Fe^{2+}的比例为4∶1时，石油污染物去除率能达到91.9%，Fe^{2+}/H_2O_2为1∶1，去除率也都能达到85%以上。程丽华等（2003）提出，对于氯酚类物质的氧化而言，Fe^{2+}/H_2O_2的比率一般在0.01～0.5效果最好。燕启社等（2008）研究表明，在利用芬顿试剂处理有机污染土壤时，催化剂与氧化剂的比例为1∶10效果最好。Sun和Yan（2007）在研究芬顿试剂对土壤中芘的去除效果时也发现，Fe^{2+}/H_2O_2的比例为

1∶10 时效果最好。

Liang 等（2004）研究发现，当过硫酸盐/三氯乙烯（TCE）的比例固定时，不同过硫酸盐/ Fe^{2+}的比例对应的污染物去除率排序为：4∶3>4∶4>4∶5>4∶6>4∶2>4∶1。当柠檬酸/Fe^{2+}的比例为 2∶10 时，20min 内 TCE 几乎全部去除；柠檬酸/Fe^{2+}的比为 1∶10 时，只能去除 78%左右；没有柠檬酸时，去除率只有 57%。

2.4.4　其他因素

温度：不同氧化剂产生的化学氧化反应受温度影响的程度各异。Liang 等（2007）研究了温度对过硫酸盐氧化 TCE 效果的影响，发现 10℃、20℃和 30℃条件下 TCE 降解 50%的时间分别为 115.5h、35.0h 和 5.5h，升高温度可以提高过硫酸盐的氧化效率。

pH：有研究表明（Lou and Lee，1995；程丽华等，2003），pH 为 3～4 时，芬顿试剂的效果最好，但也有研究发现，pH 为 7、4 和 9 时，反应活化能分别为 108J/mol、126J/mol 和 109 J/mol，即在 pH 为中性时，芬顿试剂对 BTEX 的去除效率反而更高，且降低 pH 比提高 pH 对去除效果的影响更大（Watts et al.，2000）。

氧化剂自身的分解速率：氧化剂的分解也会影响原位化学氧化修复的效率。如过氧化氢进入环境中后很快分解，臭氧在土壤中的分解也很快，高锰酸钾和过硫酸盐则比较稳定。

此外，土壤受污染的时间也会对降解效率产生影响，污染时间越长，修复的难度越大。

2.5　技术前沿进展

近年来，化学氧化技术研究的前沿主要聚焦在化学氧化的活化过程、技术联用、修复后的土壤可持续性等方面。

化学氧化活化过程的研究主要集中于对氧化剂活化方式的探索及活化过程中自由基反应机理等方面。近年来，新型活化方式开发及自由基反应过程研究已成为当前的研究热点之一（Fan et al.，2018）。Desalegn 等（2018）使用纳米零价铁活化过硫酸盐降解土壤中的总石油烃（TPH），反应 7 天内可去除 45%～76.5%的 TPH。Akbari 等（2016）研究了电活化的 H_2O_2 和过硫酸盐对体系中双酚 A 降解，发现电流密度在双酚 A 降解中起着重要作用。Yuan 等（2014）的研究表明硫酸盐的反应性可通过电解铁电极电化学生成Fe^{2+}离子来活化过硫酸盐。铁电极产生的Fe^{2+}离子激活过硫酸盐，形成·OH和·SO_4^-自由基。·OH和·SO_4^-自由基进一步促进有机污染物的降解。Zhao等（2013）研究发现，采用热处理、螯合铁、过氧化氢和碱等不同方式活化过硫酸盐时，60℃热活化过硫酸盐对多环芳烃的去除率最高，可达99.1%，电子自旋共振（ESR）分析结果显示热活化下系统中产生了大量羟基自由基。

相比于单一修复技术，联用修复技术可有效提高修复的适应性和有效性，因此针对联合修复的研究也是近年来化学氧化修复技术研究的热点之一。例如，Li等（2019）使用化学淋洗强化化学氧化修复多环芳烃污染土壤时发现，与单独洗脱和过硫酸盐（PS）氧化相比，表面活性剂曲拉通X-100（TX-100）联合PS增溶处理后PAHs去除率分别提高57.36%和13.03%，并指出非离子表面活性剂强化过硫酸盐氧化修复土壤中PAHs是一种高效、有潜力的联合修复技术模式。Fan等（2018）使用高锰酸钾作为氧化剂，将化学氧化与机械方法结合修复受菲污染的土壤，结果表明该联合技术可在48h内去除98%以上的菲。Liao等（2018）的研究还发现化学氧化与微生物修复联用可有效提高土壤中多环芳烃的降解效率。

此外，化学氧化后土壤可持续性研究也有了更加深入的进展。早年对化学氧化后土壤可持续性的研究主要集中在土壤地球化学、污染物动态等方面，如土壤pH、有机质含量等（Sutton et al.，2012；Sirguey et al.，2008）。近年来，得益于高通量测序技术的普及，土壤中微生物信息的获取变得更为高效和便捷，化学氧化对土壤微生物的影响也得到了广泛的研究。Liao等（2018）研究对比了四种常见化学氧化剂对土壤微生物的影响，结果发现芬顿类氧化剂对土壤微生物数量及群落结构影响较小，高锰酸钾反之。Medina等（2018）研究了过硫酸盐对微生物数量、群落结构及多样性的影响，结果表明氧化反应后，微生物数量明显降低，物种多样性下降严重，群落结构发生巨大改变，但随着培养时间的增加，微生物数量、多样性及群落结构逐渐恢复。

2.6 技术涉及的产品与装备

常用的氧化剂包括芬顿试剂、过硫酸盐类氧化药剂、高锰酸盐类氧化药剂、气体氧化药剂等，各类制剂的适用范围、功能效果、产业化情况等见表2.2，化学氧化修复技术所涉及的修复装备见表2.3。

表 2.2 化学氧化修复药剂表

编号	产品名称	核心配方	适用范围	功能效果	潜在危害	药剂可持续性	产业化情况
1	芬顿试剂	过氧化氢与二价铁离子的混合溶液	要控制 pH 在 3 左右；土壤中天然存在的物质可能会与其形成竞争效应	反应速率快，反应时间通常小于 12h，修复效果通常在 90%以上	气体挥发、放热、副产物、金属再增溶	易被降解，除非使用抑制剂	已商业化
2	过硫酸盐类氧化药剂	过硫酸盐与相应活化剂	pH 适用范围广，适用于污染范围较大、透性较差的区域；适用的污染物种类较多	不易与土壤有机质反应，超氧化物歧化酶（SOD）较少；需要热活化或其他催化方式	副产物、金属再增溶	氧化剂非常稳定	已商业化
3	高锰酸盐类氧化药剂	高锰酸盐	适用于多种污染物和多种地质环境条件	反应简单，溶解度高，存留时间长，扩散距离长，可通过颜色进行分析	副产物、金属再增溶	氧化剂非常稳定	已商业化
4	气体氧化药剂	臭氧	适于在砂质土壤以及非饱和区土壤应用，需要加压环境与配套的气体收集系统	存留时间短，难以均匀分散，扩散速率快，易与生物通风技术结合	气体挥发、副产物、金属再增溶	易被降解	已商业化

表 2.3　化学氧化修复装备

编号	设备名称	适用范围	设备参数	产业化情况	来源
1	Geoprobe 原位注入设备	原位化学氧化修复工程	具有多种可用于化学氧化修复的设备型号，每种型号侧重点不同	已商用	Geoprobe 公司开发的多种商品
2	盖亚 Box-ISCO 原位多点注药设备	实现多种药剂注射，不适用于低渗性土壤	单套设备可用于 40～100 个点位的注射，设备加压能力 0.1～1MPa，流量范围 1～20L/min	已商用	专利：原位多点注药一体式模块化智能设备的集装箱式结构（专利号 CN201710485472）
3	车载原位注入设备	适用于土壤和地下水原位修复	固相制剂最大投加量 50kg/h，投加精度 0.5%，注入流量范围 0～1000L/h，注入精度 0.5%，设备加压能力 0～12MPa	已商用	专利：一种污染场地土壤和地下水体的车载式修复设备及修复方法（专利号 CN201010561992）
4	PMX 搅拌头	可处理不同类型的油泥、淤泥和污染土壤	搅拌头宽 1.60m，直径 0.87m，并可更换刀头，适用于多种情况；每台设备每天可处理 100～200m^3 土壤	已商用	芬兰 ALLU 公司

2.7　技 术 案 例

2.7.1　北京焦化厂修复示范工程

1. 场地概况

北京焦化厂占地面积共 150 万 m^2，厂区南北最大长度约 1500m，东西长度约 1800m，主要产品包括焦炭、焦炉煤气，同时还生产焦油、苯、硫铵、沥青、萘等 40 多种化工产品。工业生产过程中，焦化厂每年产生并排放大量的废气、污水和危险废物，污染物的排放通过大气降尘、污水渗漏以及固体废物的散失、遗撒不可避免地对厂区土壤造成了污染，呈现污染范围广、污染物种类多、污染层次深并潜在危害地下水等特点，对城市居民存在严重健康威胁。

该项目由中国科学院地理科学与资源研究所牵头，项目选取北京焦化厂内严重污染区域作为修复示范区，示范工程现场布置图见图 2.4。示范区总面积为 400m^2，长为 25m，宽为 16m。针对该区域内存在的挥发性污染物苯系物和挥发性较弱的多环芳烃类污染物，利用化学氧化和土壤气相抽提系统交替运行开展修复。

图 2.4　示范工程现场布置图

2. 技术工艺

该场地采用化学氧化联合气相抽提技术对污染土壤进行修复。修复现场共布设氧化剂注入井 32 个，气相抽提井 8 个，通风井 9 个，修复井分布如图 2.5 和图 2.6 所示。在联合修复过程中，化学氧化修复系统和土壤气相抽提系统每隔 15 天交替运行。其中，化学氧化修复过程利用双罐式化学氧化注入设备，在修复期间，共注入约 580m^3 的氧化剂高锰酸钾溶液，消耗高锰酸钾约 8.5t。修复周期 350 天，修复成本约 950 元/t。

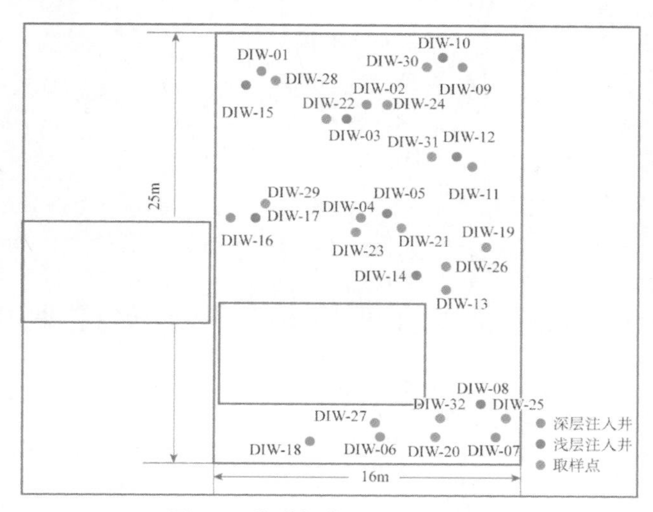

图 2.5　化学氧化注入井布置图

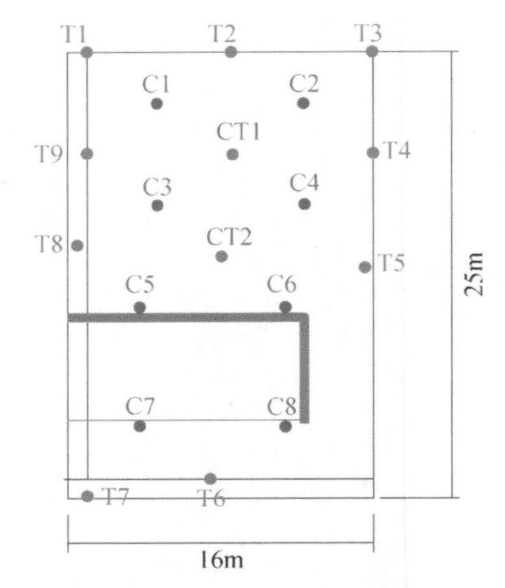

图 2.6 通风井、抽提井平面布置示意图

C-抽提井；T-通风井；CT-抽提兼通风井

3. 效果评估

通过化学氧化修复技术和土壤气相抽提集成应用，示范场地苯的去除效率为 90%，修复后土体中 PAHs 的浓度大幅度下降（图 2.7），PAHs 去除率在 96% 以上，残留浓度均在 20mg/kg 以下，且处理后苯并芘的浓度低于 0.2mg/kg，达到北京焦化厂场地风险评价及污染土地/修复目标值，平均修复成本低于国际同类技术的成本。

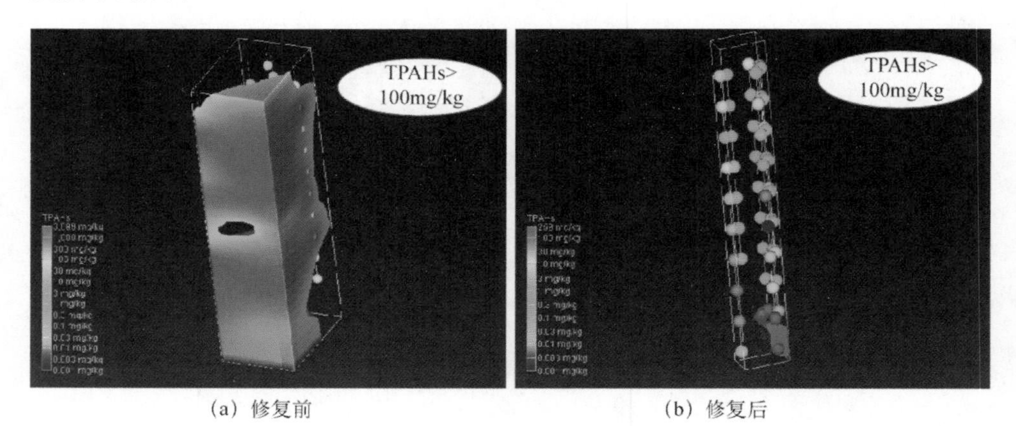

(a) 修复前　(b) 修复后

图 2.7 修复前后土壤总多环芳烃三维分布图

TPAHs-总多环芳烃

4. 评估总结

项目采用化学氧化联合气相抽提技术对北京焦化厂内受多环芳烃和苯系物

污染的土壤进行了修复，取得了良好的修复效果，且修复成本低于国际同类技术的修复成本平均水平。这一项目的成功实施，对国内工业污染场地修复具有重要的借鉴意义，项目所涉及的修复技术及修复装备也具有极大的推广和应用价值。

2.7.2　上海市青浦区多环芳烃污染场地修复

1. 场地概况

该场地位于上海市青浦区西虹桥商务开发区，总占地面积约为 43127.9m²，因工业活动而导致场地出现严重的多环芳烃污染。该治理工程开始于 2017 年 8 月，场地前期为工业用地，未来作为商业服务业及商务办公综合用地。目前场地内原有企业均已被拆除，场地地理位置如图中线框区域所示。场地周边 500m 范围内存在多种土地使用类型，主要包括闲置空地、居民区、学校和工业用地等（图 2.8）。

图 2.8　污染场地俯瞰图

该场地内主要多环芳烃污染物为苯并[a]蒽、苯并[a]芘、苯并[b]荧蒽和茚并（1,2,3-cd）芘，主要分布在 0～7m 的深度范围内，修复土方量约 3500m³。

2. 技术工艺

该场地的土壤主要由杂填土和黏土组成，含水率在 35%左右，孔隙比为 0.92，拟采用异位化学氧化技术对该场地污染土壤进行修复，主要氧化剂为以柠檬酸为催化助剂的类芬顿试剂。

经过实验室小试后，最终确定采用过氧化氢浓度为1.20mol/L、柠檬酸溶液和硫酸亚铁溶液的浓度分别为0.55mol/L和0.12mol/L的类芬顿试剂对污染场地进行修复。

3. 效果评估

修复过后，将修复区进行分区，以500m^{3}为1个采样单元，在土壤堆体表层、中层和底层分别采集土壤样品制成1个混合样。当修复量不超过500m^{3}时，采集1个平行样品，共采集10个混合土样进行污染物、pH和物理性质测试。污染物检测结果如表2.4所示。

表2.4 污染场地修复后污染物检测结果

污染物	验收检测最大值/（mg/kg）	修复目标/（mg/kg）	超标样品数量/个	验收合格率/%
苯并[a]蒽	0.12	0.2	0	100
苯并[a]芘	0.34	0.4	0	100
苯并[b]荧蒽	0.27	0.7	0	100
茚并[1,2,3-cd]芘	0.39	0.7	0	100

经异位类芬顿试剂氧化处理后的土壤中各项污染指标都远低于修复目标值并达到验收标准。修复后土壤的pH在6.16～7.60，平均值为6.88，与未处理前对比，pH降低了0.69，整体降低幅度不大。其原因主要是类芬顿氧化是一个放热的过程，而且现场对修复土体进行了覆盖保温养护处理，加速了土体中微生物对柠檬酸的分解过程。修复后除了土壤的含水率增加，其他各项指标变化均不明显。

4. 评估总结

该污染场地存在多种PAHs，污染物未修复前超标2～3倍，污染情况复杂，污染较为严重。采用以柠檬酸为催化助剂的异位类芬顿化学氧化能够快速有效地修复以苯并[a]蒽、苯并[a]芘、苯并[b]荧蒽和茚并[1,2,3-cd]芘为主要污染物的PAHs污染场地，且对场地土壤各项基本物理指标的影响较小，未发现二次污染等问题。

2.7.3 纽约燃油配送点遗留场地修复

1. 场地概况

场地位于纽约北部伊利昂，场地内原燃油配送点停止使用多年后土壤中依然存在大量多环芳烃（PAHs）。污染主要发生在灌油桥台区域附近，污染面积 1858m^2，污染深度范围为 0.6～2.4m，受影响土方量＞4587m^3。主要污染物包括苯并蒽、苯并芘、苯并荧蒽及丙酮中菌，总污染浓度范围为 13500～32520700μg/L。

2. 技术工艺

为确保规定时间内完成修复，理论上需要配置一个日产量为 45L/d 的臭氧发生系统，用于产生修复所需的 O_2 及 O_3。该项目中共设置 10 个喷射点用于直接喷射，设有浅层气体抽排系统，用于控制系统气体排放。设置多点、连续的臭氧监控系统，用于监测周围氧气浓度，并控制系统的安全。修复后，PAHs 去除率需高于 90%，以符合纽约市“技术和行政指导备忘录”（TAGM）4046 土壤标准的规定，目标区的总碳氢化合物含量需降低约 75%。

3. 效果评估

修复后场地土壤质量达到 TAGM4046 土壤标准的要求。60 天内有效去除率高于 90%，对修复后的土壤样品进行快速检测分析，PAHs 的浓度低于检出限。

4. 评估总结

该项目利用化学氧化技术在规定时间内完成了场地的修复与治理，较热处理及异位填埋技术修复速度快。采用臭氧为修复药剂，氧化产生的气体也被回收，对土壤的理化性质无影响，同时保证了修复的效果。

2.8　技术发展趋势

化学氧化技术对污染物类型和浓度适用范围广，能够高效降解土壤中大部分有机化合物（包括石油烃、BTEX、酚类、PAHs、含氯乙烯等），具有修复效率高、时间短、成本低等优势。但化学氧化修复技术在应用中也存在一些问题，如氧化剂的适用性、竞争性消耗、扩散不均匀、污染转移等。为进一步提高修复效果，缩短修复周期，降低修复成本，避免二次污染，化学氧化修复技术还需从以下几个方面进行进一步的研究。

（1）新型氧化药剂开发：进一步发展绿色高效的氧化/催化药剂；

（2）多技术联用研究：强化化学氧化联合微生物、淋洗等多种技术集成修复研究；

（3）复合污染场地氧化剂反应机制及动力学研究：明确复合污染环境中化学氧化修复的反应机制和反应动力学；

（4）氧化修复后土壤可持续性分析：探明化学氧化剂对土壤微生物及理化性质的影响，评估氧化剂对土壤可持续性的影响。

参考文献

程丽华，黄君礼，高会旺. 2003. Fenton 试剂降解水中酚类物质的研究. 重庆环境科学，25（10）：18-20.

范拴喜，江元汝. 2007. Fenton 法的研究现状与进展. 现代化工，27（z1）：104-107.

伏广龙，许兴友，范丽花，等. 2007. Fenton 试剂处理柠檬酸废水的实验研究. 淮海工学院学报（自然科学版），16（1）：44-46.

何丹凤，周付江，刘金泉. 2008. Fenton 试剂对水体中多环芳烃（PAHs）污染物的去除效果研究. 化学工程师，22（3）：42-45.

黄伟英. 2001. 铁矿石催化过氧化氢-过硫酸钠去除地下水中三氯乙烯的研究. 北京：中国地质大学（北京）.

刘琼枝，廖晓勇，李尤，等. 2018. 天然有机物活化过硫酸盐降解土壤有机污染物效果. 环境科学，39（10）：362-368.

石建军，蔡兰坤. 2005. 臭氧氧化 MTBE 反应动力学及其特性研究. 合肥工业大学学报（自然科学版），5：551-555.

孙燕英，刘菲，陈鸿汉，等. 2007. H_2O_2 氧化法修复柴油污染土壤. 应用化学，24（6）：680-683.

邢维芹，骆永明，李立平. 2007. 影响土壤中 PAHs 降解的环境因素及促进降解的措施. 土壤通报，38（1）：173-175.

燕启社，孙红文，周长波，等. 2008. 类 Fenton 氧化在污染土壤修复中的应用. 生态环境，17（1）：216-220.

Ahmad M，Teel A L，Watts R J. 2010. Persulfate activation by subsurface minerals. Journal of Contaminant Hydrology，115：34-45.

Akbari S，Ghanbari F，Moradi M. 2016. Bisphenol a degradation in aqueous solutions by electrogenerated ferrous ion activated ozone，hydrogen peroxide and persulfate：applying low current density for oxidation mechanism. Chemical Engineering Journal，294：298-307.

Barbeni M，Minero C，Borgarello E P E，et al. 1987. Chemical degradation of chlorophenols with

Fenton's reagent（Fe^{2+} + H_2O_2）. Chemosphere，16（10-12）：2225-2237.

Bellamy W D，Ziemba N. 1991. Treatment of VOC-contaminated groundwater by hydrogen peroxide and ozone oxidation. Research Journal of the Water Pollution Control Federation，63（2）：120-128.

Block P A，Brown R A，Robinson D. 2004. Novel Activation Technologies for Sodium Persulfate In Situ Chemical Oxidation. Proceedings，Fourth International Conference on the Remediation of Chlorinated and Recalcitrant Compounds. Monterey，2A-05.

Bogan B W，Trbovic V，Paterek J R. 2003. Inclusion of vegetable oils in Fenton's chemistry for remediation of PAH-contaminated soils. Chemosphere，50（1）：15-21.

Bowers A R，Gaddipati P，Eckenfelder W W，et al. 1989. Treatment of toxic or refractory wastewaters with hydrogen peroxide. Water Pollution Research and Control Brighton，21（6-7）：477-486.

Brown R A，Norris R D. 1985. Method for decontaminating a permeable subterranean formation. US Patent 4591443.

Carrere H，Martınez A B，Patureau D，et al. 2006. Parameters explaining removal of PAHs from sewage sludge by ozonation. Environmental and Energy Engineering，52（10）：3612-3619.

Chu Wei，Lau T K，Fung S C. 2006. Effects of combined and sequential addition of dual oxidants（$H_2O_2/Na_2S_2O_8$）on the aqueous carbofuran photodegradation. Journal of Agricultural and Food Chemistry，54：10047-10052.

Crimi M L，Taylor J. 2007. Experimental evaluation of catalyzed hydrogen peroxide and sodium persulfate for sestruction of BTEX contaminants. Soil and Sediment Contamination，16（1）：29-45.

Desalegn B，Meghara J M，Chen Z，et al. 2018. Green mango peel-nanozerovalent iron activated persulfate oxidation of petroleum hydrocarbons in oil sludge contaminated soil. Environmental Technology & Innovation，11：142-152.

Fan G，Liu X，Lin C，et al. 2018. Peroxymonosulfate assisted mechanochemical method for the degradation of phenanthrene in contaminated soils. Emerging Contaminants，4（1）：22-31.

Fang G，Deng Y，Huang M，et al. 2018. A mechanistic understanding of hydrogen peroxide decomposition by vanadium minerals for diethyl phthalate degradation. Environmental Science & Technology，52（4）：2178-2185.

Gates D D，Siegrist R L. 1995. In-situ chemical oxidation of trichloroethylene using hydrogen peroxide. Journal of Environmental Engineering，121（9）：639-644.

Glaze W H，Kang J W. 1988. Advanced oxidation processes for treating groundwater contaminated with TCE and PCE：laboratory studies. Journal American Water Works Association，88（5）：57-63.

Gryzenia J，Cassidy D，Hampton D. 2009. Production and accumulation of surfactants during the chemical oxidation of PAH in soil. Chemosphere，77（4）：540-545.

Jerome K M，Riha B，Looney B B. 1997. Final report for demonstration of *in situ* oxidation of DNAPL using the Geo-Cleanse technology. US Department of Energy，Westinghouse Savannah River Company，Aiken，South Carolina.

Li Y，Liao X Y，Huling S，et al. 2019. The combined effects of surfactant solubilization and chemical oxidation on the removal of polycyclic aromatic hydrocarbon from soil. Science of the Total Environment，647：1106-1112.

Liang C J，Bruell C J，Marley M C，et al. 2004. Persulfate oxidation for in situ remediation of TCE. Ⅱ. Activated by chelated ferrous ion. Chemosphere，55（9）：1225-1233.

Liang C J，Wang Z S，Bruell C J. 2007. Influence of pH on persulfate oxidation of TCE at ambient temperatures. Chemosphere，66（1）：106-113.

Liao X Y，Wu Z Y，Li Y，et al. 2018. Enhanced degradation of polycyclic aromatic hydrocarbons by indigenous microbes combined with chemical oxidation. Chemosphere，213：551-558.

Lou J C，Lee S S. 1995. Chemical oxidation of BTX using Fenton's reagent. Hazardous Waste and Hazardous Materials，12（2）：185-193.

Lowe K S，Gardner F G，Siegrist R L. 2002. Field pilot test of in situ chemical oxidation throughrecirculation using vertical wells. Ground Water Monitoring and Remediation，22：106-115.

Mahony M M O，Dobson A D W，Barnes J D. 2006. The use of ozone in the remediation of polycyclic aromatic hydrocarbon contaminated soil. Chemosphere，63（2）：307-314.

Marvin B K，Nelson C H，Clayton W，et al. 1998. In situ chemical oxidation of pentachlorophenol and polycyclic aromatic hydrocarbons：from laboratory tests to field demonstration//Wickramanayake G B，Hinchee R E. Physical，Chemical，and Thermal Technologies：Remediation of Chlorinated and Recalcitrant Compounds. Columbus：Battelle Press：383-388.

Medina R，David Gara P M，Fernández-González A J，et al. 2018. Remediation of a soil chronically contaminated with hydrocarbons through persulfate oxidation and bioremediation. Science of The Total Environment，618：518-530.

Nadarajah N，Van Hamme J，Pannu J，et al. 2002. Enhanced transformation of polycyclic aromatic hydrocarbons using a combined Fenton's reagent，microbial treatment and surfactants. Applied Microbiology and Biotechnology，59（4-5）：540-544.

Nam K，Kukor J J. 2000. Combined ozonation and biodegradation for remediation of mixtures of polycyclic aromatic hydrocarbons in soil. Biodegradat，11（1）：1-9.

Nam K，Rodriguez W，Kukor J J. 2001. Ehanced degradation of polycyclic aromatic hydrocarbons by biodegradation combined with a modified Fenton reaction. Chemosphere，45（1）：11-20.

Nelson C H，Brown R A. 1994. Adapting ozonation for soil and groundwater cleanup. Chemical Engineering，9（1）：EE18-EE24.

Quan H N，Teel A L，Watts R J. 2003. Effect of contaminant hydrophobicity on hydrogen peroxide dosage requirements in the Fenton-like treatment of soils. Journal of Hazardous Materials，102（2-3）：277-289.

Ravikumar J X，Gurol M D. 1994. Chemical oxidation of chlorinated organics by hydrogen peroxide in the presence of sand. Environmental Science & Technology，28（3）：394-400.

Rivas F J. 2006. Polycyclic aromatic hydrocarbons sorbed on soils：a short review of chemical oxidation based treatments. Journal of Hazardous Materials，138（2）：234-251.

Schnarr M，Truax C，Farquhar G，et al. 1998. Laboratory and controlled field experiments using potassium permanganate to remediate trichloroethylene and perchloroethylene DNAPLs in porous media. Journal of Contaminant Hydrology，29（3）：205-224.

Sherwood M K，Cassidy D P. 2014. Modified Fenton oxidation of diesel fuel in arctic soils rich in organic matter and iron. Chemosphere，113：56-61.

Siegrist R L，Lowe K S，Pickering D A，et al. 1999. In situ oxidation by fracture emplaced reactive solids. Journal of Environmental Engineering，125（5）：429-440.

Siegrist R L，Urynowicz M A，West O R，et al. 2001. Principles and Practices of in situ Chemical Oxidation Using Permanganate. Columbus：Battelle Press.

Sirguey C，de Souza e Silva P T，Schwartz C，et al. 2008. Impact of chemical oxidation on soil quality. Chemosphere，72（2）：282-289.

Sun H W，Yan Q S. 2007. Influence of Fenton oxidation on soil organic matter and its sorption and desorption of pyrene. Journal of Hazardous Materials，144（1-2）：164-170.

Sun Y F，Pignatello J J. 1992. Chemical treatment treatment of Pesticide pesticide wastes. Evaluation of Fe（III）chelates for catalytic hydrogen peroxide oxidation of 2,4-D at circumneutral pH. Journal of Agricultural and Food Chemistry，40（2）：322-327.

Sutton M，Bibby R K，Eppich G R，et al. 2012. Evaluation of historical beryllium abundance in soils，airborne particulates and facilities at Lawrence Livermore National Laboratory. Science of the Total Environment，437：373-383.

Teel A L，Ahmad M，Watts R J. 2011. Persulfate activation by naturally occurring trace minerals. Journal of Hazardous Materials，196：153-159.

Urynowicz M A，Siegrist R L. 2000. Chemical Degradation of TCE DNAPL by Permanganate//Wickramanayake G B，Gavaskar A R，Chen A S C. Chemical Oxidation and Reactive Barriers: Remediation of Chlorinated and Recalcitrant Compounds Series C2-6. Columbus：Battelle Press:

75-82.

Vella P A，Joyce W M. 1990. Treatment of low level phenols（μg/L）with potassium permanganate. Research Journal of the Water Pollution Control Federation，62（7）：907-914.

Venkatadri R. 1993. Chemical oxidation technologies：Ultraviolet light/hydrogen peroxide，Fenton's reagent，and titanium dioxide-assisted photocatalysis. Hazardous Waste and Hazardous Materials，10（2）：107-149.

Villa R D，Trovó A G，Nogueira R F P. 2010. Soil remediation using a coupled process：soil washing with surfactant followed by photo-Fenton oxidation. Journal of Hazardous Materials，174（1）：770-775.

Waldemer R H. 2007. Oxidation of chlorinated ethenes by heat-activated persulfate：Kinetics and products. Environmental Science Technology，41（3）：1010-1015.

Watts R J，Haller D R，Jones A P，et al. 2000. A foundation for the risk-based treatment of gasoline-contaminated soils using modified Fenton's reactions. Journal of Hazardous Materials，76（1）：73-89.

Watts R J，Smith B R，Miller G C. 1991. Catalyzed hydrogen peroxide treatment of octachlorodibenzo-p-oxin（OCCD）in surface soils. Chemosphere，23（7）：949-955.

Watts R J，Udell M D，Rauch P A，et al. 1990. Treatment of pentachlorophenol-contaminated soils using Fenton's reagent. Hazardous Waste and Hazardous Materials，7（4）：335-345.

Yuan R，Wang Z，Hu Y，et al. 2014. Probing the radical chemistry in UV/persulfate-based saline wastewater treatment：Kinetics modeling and byproducts identification. Chemosphere，109：106-112.

Zhao D，Liao X，Yan X，et al. 2013. Effect and mechanism of persulfate activated by different methods for PAHs removal in soil. Journal of Hazardous Materials，254-255：228-235.

第3章　土壤淋洗修复技术

3.1　技术概述

土壤淋洗修复技术是指将水或萃取剂与污染土壤混合，通过沉淀、离子交换、螯合或吸附等过程将污染物从土壤固相转移到液相，并对渗滤液/淋洗液中污染物进一步分离的过程（Baker，1981；Ferraro et al.，2015；Guo et al.，2016），可用于多环芳烃、石油烃、镉、铅等多种有机和重金属污染土壤的修复。

淋洗技术早在1983年就已经被应用于荷兰某污染场地的修复中，但当时的淋洗修复装备设计简单，仅有淋洗和筛分单元，处理规模小、修复效率低。20世纪90年代，土壤淋洗修复技术进入快速发展阶段，国际学者开展大量技术研发和装备研制工作，包括淋洗药剂筛选、工艺参数优化和装备升级改造等，使土壤淋洗修复装备处理能力有效提升（此期间的土壤淋洗修复装备处理能力普遍在25～50t/h），修复效率显著提高，并开展了系列工程应用示范。第一个大规模的土壤淋洗工程项目源于普鲁士王科技公司位于美国新泽西州温斯洛的超级基金场地（Superfund Site），淋洗修复系统处理能力为25t/h，修复周期4个月，合计处理19200t重金属污染土壤，平均处理费用约为400美元/t，整个项目于1992年10月完成。21世纪初至今，随着欧美、日本等发达国家的推广应用，土壤淋洗修复技术进入到成熟阶段，淋洗修复设备处理规模进一步提高（≥80t/h），整个技术领域已呈现出设备先进、自动化控制、商业化程度高等特点，广泛投入到工程应用并形成典型修复案例，如2003～2007年，美国ART Engineering LLC公司在新泽西州的威兰德化学（Vineland Chemical）超级基金场地使用淋洗技术处理41万t砷污染土壤，淋洗系统最大处理能力为70t/h，平均处理费用降低到约80美元/t（熊惠磊等，2016）。在欧美国家，土壤淋洗修复重金属污染土壤已进入商业化运行模式，是国际上应用较多的主要或辅助土壤修复技术，具有较为完整的产业链和供应渠道。

我国土壤淋洗修复技术起步较晚，污染土壤关键修复设备和修复药剂多依赖进口，从而制约了技术的规模化应用和产业化发展。但随着近年来突发的环境污染事件、污染事故、地方病的频发，社会各界对土壤污染问题给予高度的重视，我国也相继颁布系列土壤修复相关政策或文件，并划分出重点污染防控区，全面推进我国土壤修复行业的发展。2017 年 8 月 23 日工业和信息化部公开征求对《关于加快推进环保装备制造业发展的指导意见（征求意见稿）》的意见，提出到 2020 年，先进环保技术装备的有效供给能力显著提高，市场占有率大幅提升，环保装备制造业产值达到 10000 亿元。在土壤污染修复装备领域，重点推广热脱附、化学淋洗、氧化还原等技术装备。在国家政策和科研课题的支持下，我国逐步加速土壤淋洗修复技术的自主知识产权进程，技术水平和工程经验处于边实践、边提高、边摸索、边总结的阶段，淋洗设备趋于模块集成、自动化控制方向发展，整体效能已经追赶国际水平。

3.2 技 术 原 理

目前国际上用于萃取和去除土壤中污染物的淋洗剂主要包括强酸/碱溶液、合成螯合剂[如乙二胺四乙酸（EDTA）、乙二胺二琥珀酸（EDDS）]、有机酸、腐殖质、表面活性剂、环糊精等。无机淋洗剂（如酸、碱、盐等无机化合物）主要是通过酸解或离子交换等作用来破坏土壤表面官能团与重金属或放射性核素形成的络合物，从而将重金属或放射性核素交换解吸并分离，适用于重金属污染土壤修复。有机酸及螯合剂均属于络合剂，具体包括 EDTA、二乙烯三胺五乙酸（DTPA）、柠檬酸、苹果酸等，其作用机制是通过络合作用将吸附在土壤颗粒及胶体表面的金属离子解络，再利用自身更强的络合作用与重金属或放射性核素形成新的络合体从土壤中分离，适用于重金属类污染物的处理。表面活性剂是近些年新兴的淋洗修复制剂，根据生产过程又可将表面活性剂分为化学表面活性剂[曲拉通 X-100（Triton X-100）、十二烷基苯磺酸钠（SDBS）等]和生物表面活性剂[鼠李糖脂（RL）、槐糖脂、皂苷等]，适用于重金属和有机污染物的处理。其作用机理主要是基于表面活性剂的胶团化性质，降低界面张力、显著增加污染物或非水相流体（NAPL）的表观溶解度、增加污染物的迁移能力和生物可利用性，促进其从固相向液相中的解吸过程。相比于化学淋洗剂，生物表面活性剂具有环境友好、化学结构多样、成本低廉、易于回收等优点。表面活性剂通过对污染物的增溶、活化作用修复重金属污染土壤已成为当今的研究热点之一，为土壤淋洗修复重金属污染土壤提供广阔的应用前景。

根据处理位置的差异，土壤淋洗修复技术又可分为原位土壤淋洗修复技术和异位土壤淋洗修复技术两种。

3.2.1 原位土壤淋洗修复技术

原位土壤淋洗修复技术是通过表面沟槽、水平排水管或垂直排水管将淋洗剂注入或渗入污染土壤中，适用于多空隙、易渗透的砂性污染土壤修复，当水力传导系数大于 10^{-3}cm/s 时，推荐采用原位土壤淋洗修复术（Sturges et al.，1991）。其主要工艺流程为：污染带位于不透水土层之上，根据污染物的分布深度，通过注射井注入或喷洒装置以喷淋的方式向污染土壤中投加淋洗液，处理后的淋洗液通过泵从收集井中抽提至地面，淋洗废液收集后需进行重金属的去除及淋洗废液的回收利用（Mulligan et al.，2001a）。污染物的溶解度大小以及污染物最初能否溶解在水中是决定去除效率的关键因素。此外，土壤的预先机械混合可以干扰淋洗剂的渗透。因此，在整个原位淋洗修复过程中，了解污染物的化学性质和场地的水文地质是至关重要的（Mulligan et al.，2001b）。原位土壤淋洗修复技术示意图如图 3.1 所示。

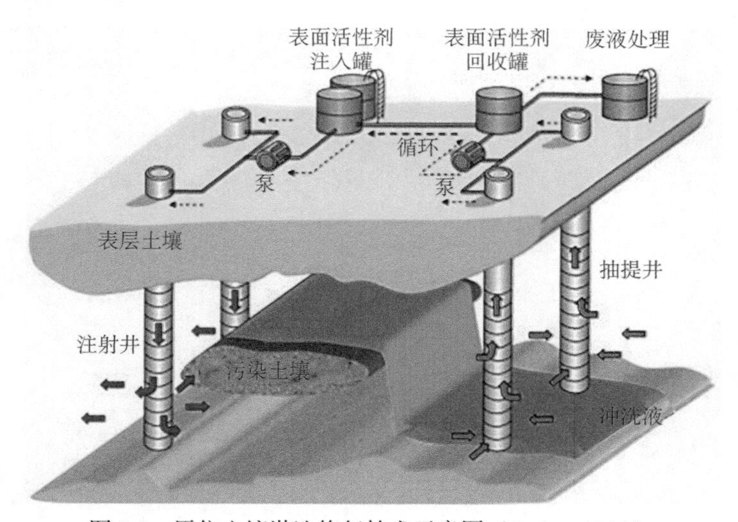

图 3.1 原位土壤淋洗修复技术示意图（Paria，2008）

3.2.2 异位土壤淋洗修复技术

异位土壤淋洗修复技术主要采用矿石采选的原理，涉及污染物溶解于液相和随后固液分离等过程。主要工艺流程包括：将污染土壤从污染场地挖掘运输到指定地点后，投加淋洗剂于特定容器中与污染土壤进行搅拌、混匀，通过一系列理化反应使土壤中的污染物转移到液相中，从而分离出清洁土壤的过程（Anderson et al.，1999）。淋洗过程中产生的淋洗废液通过吸附、沉淀等方式处理后方可排放，得到的淋洗污泥或固体废物进行集中填埋或固化/稳定化处理（Lim and Kim，2013）。

异位土壤淋洗修复技术较原位土壤淋洗技术而言，其修复装备往往是可运输的，便于搭建、拆卸和改装，其修复方法简单、处理量大，适用于大面积、重度污染土壤的治理，广泛适用于各类污染土壤的快速修复，利于技术的推广及应用。异位土壤淋洗修复设备一般包括筛分系统、摩擦洗涤系统、离心系统、废液处理系统、压滤系统等。异位土壤淋洗技术修复污染土壤示意图如图 3.2 所示。

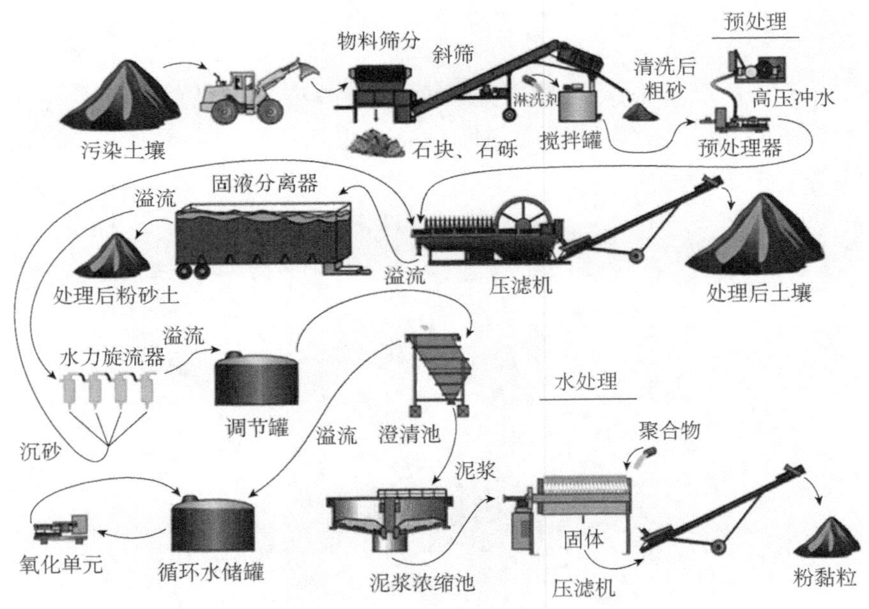

图 3.2　异位土壤淋洗修复技术示意图（改编自 Klean Envi，Inc.）

3.3　技术适用范围与优缺点

3.3.1　技术适用范围

土壤淋洗修复技术能够有效去除土壤中的重金属、有机物及放射性元素等污染物。当污染土壤质地疏松、渗透性良好、有机质含量比较低时，优先考虑采用淋洗修复技术。但当土壤中粉黏粒含量＞30%或水力传导系数很低时（$K<1\times10^{-5}$cm/s），土壤淋洗技术的使用将受到限制。此外，土壤是复杂的结构体，当其受到污染后，污染物根据性质的不同附着在不同粒径范围的土壤颗粒上。有学者指出，大多数污染物往往在细颗粒土壤中富集（Liao et al.，2016），但对于冶炼废渣等特殊形式的污染介质，大粒径的粗粒土壤有时也作为重金属的赋存载体。因此在淋洗工艺的开发过程中，需重点关注待修复土壤的粒径分级及赋存情况研究，对土壤粒径进行有效地筛分及优化。

3.3.2 技术优点

土壤淋洗修复技术是一种快速去除土壤中污染物的修复方法，对污染物浓度、种类不敏感，其修复效率高、修复周期短，因此被认定为最具成本效益的土壤修复技术之一（Li et al.，2019；Mao et al.，2015）。土壤淋洗修复技术具有如下优点。

（1）操作灵活，可以原位处理（in-situ）也可异位修复（ex-situ），异位修复又可进行现场修复（on site remediation）或离场修复（off site remediation）；

（2）应用灵活，可单独应用也可作为其他修复方法的前期处理技术；

（3）有效限制污染物扩散范围（异位清洗将污染限制在一定范围，原位淋洗可以利用格栅墙等有效控制污染扩散）；

（4）修复效率高，能够彻底从土壤中去除污染物；

（5）异位土壤淋洗修复技术可通过浓缩减量来减少待处理土壤的体积，降低总修复成本；

（6）修复效果稳定、彻底，投资少、技术人员不需直接接触污染物。

3.3.3 技术缺点

任何技术都存在自身的局限性，以下几点因素可能会限制该技术的应用和推广，也是未来需要重点关注和研究的方向。

（1）含重金属淋洗废液处理技术尚不成熟，淋洗剂的回收再利用成本高、工艺难；

（2）淋洗剂在土壤中的残留可能造成土壤和地下水的二次污染；

（3）去除效率较高的表面活性剂价格昂贵，难以用于大面积的实际修复。

3.4 技术影响因素

土壤淋洗受到诸多因素的影响，包括土壤性质、淋洗剂种类、淋洗剂浓度、淋洗剂 pH、液固比、重金属结合形态等。

3.4.1 土壤性质

土壤性质包括土壤颗粒组成、土壤有机质含量及阳离子交换量等。土壤淋洗是一种适用于砂性及黏度较低的污染土壤修复技术，通常情况下，当土壤黏粒含量＞30%时，往往不将淋洗作为最佳修复技术。这是因为土壤颗粒越小，其比表面积越大，对污染物的吸附能力则越强，大大降低了污染物的溶出率和淋洗剂的清洗效率。土壤中有机质含量同样能够影响淋洗效率，有机质含量越高，土壤颗粒对污染物及淋洗剂等物质的吸附能力则越强，从而降低淋洗效率。此外，淋洗剂对土壤中重金属污染物的去除效果与土壤阳离子交换容量有关，土壤阳离子交换容量越大，土壤中带负电荷胶体越多，重金属越难从土壤环境中解吸出来。

3.4.2 淋洗剂种类

不同淋洗剂对土壤中污染物的萃取能力差异显著，在淋洗修复土壤的过程中，应结合淋洗剂对目标污染物的化学反应特性的不同选择合适的淋洗剂，如结合淋洗剂对重金属的螯合能力以及产生的螯合物的水溶性的不同，来选择不同的淋洗剂。通常情况下，具有较强螯合能力的表面活性剂或强酸强碱性的化学试剂对土壤淋洗有较好的效果。Asha 等（2008）研究发现，在重金属复合污染的土壤中，鼠李糖脂能够改变重金属的迁移性，有效去除土壤中的多种重金属，与蒸馏水洗脱效果相比，鼠李糖脂对污染土壤中 Cd、Ni、Pb、Cu、Cr 的去除率分别比蒸馏水高 25 倍、25 倍、10 倍、14 倍、13 倍。Torres 等（2012）在其研究中指出，以吐温 80 作为淋洗剂淋洗重金属污染土壤，Cd、Zn、Cu 的去除效率分别可达到 85.9%、85.4%和 81.5%。Maity 等（2013）使用表面活性剂皂素作为淋洗剂，在浓度为 0.15g/L，流速 1.0L/min，pH=4 的条件下，去除了污染土壤中 98%的 Pb、95%的 Cu 及 56%的 Zn。

3.4.3 淋洗剂浓度

淋洗剂的浓度是影响淋洗修复效率的重要参数之一，不同淋洗剂针对不同土壤中的不同污染物存在不同的最佳淋洗剂浓度。表面活性剂是常用的化学淋洗剂，其在溶液中形成胶束的最低浓度称为临界胶束浓度，此时表面活性剂的单体和胶束呈共存状态。有研究表明，临界胶束浓度（CMC）直接影响土壤中重金属离子的流动性和移动转化规律，重金属的最佳移除效率通常在CMC附近或略高于CMC。Polettini等（2008）研究发现，阴离子表面活性剂十二烷基硫酸钠（SDS）对沉积物中砷的去除效率随着其浓度的增加而改变，在浓度为0.25CMC[①]、4CMC和25CMC时，对沉积物中砷的去除效率分别为57%、61%和68%。

3.4.4 淋洗液pH

淋洗液pH显著影响螯合剂和重金属的螯合平衡以及重金属在土壤颗粒上的吸附状态，进而影响土壤中重金属的解吸和去除效率。李尤等（2015）探究了不同工艺参数对土壤淋洗效果的影响，Zn、Cd、As等重金属的淋洗效率随着pH的增大逐渐降低。通常情况下，当pH小于3或4时，淋洗液更易将碳酸盐结合态和氢氧化物结合态的重金属溶解使其以离子形态存在，从而获得较高的洗脱效率。酸、碱等化学试剂能够通过酸解、络合或离子交换作用来破坏土壤表面官能团与重金属形成的络合物，从而使重金属快速解吸下来。但过高的酸度或碱度均会破坏土壤本身的理化性质及团聚体结构，导致土壤养分的流失，故在淋洗过程中应控制好淋洗环境的pH，以免造成二次污染。

3.4.5 液固比

液固比是影响土壤淋洗修复效果的主要因素之一。研究发现，将液固比从1.0升高到2.5，EDTA对Cd的去除率有明显增加，对Cu、Zn、Pb的去除率则没有显著差异（杨冰凡等，2013）。在实际土壤修复中，过高或过低的液固比都不利于污染物的去除。液固比较低时，污染土壤与淋洗剂不能充分接触，且提高了工程实施中对搅拌强度的要求；液固比过高时，则增加了淋洗剂的使用量及

① CMC是表面活性剂相关研究中的一个标准单位，1CMC=2.48g/L。

淋洗废液的产生量，造成修复成本及二次污染风险的提高。

3.4.6 重金属结合形态

重金属进入土壤后，以溶解、沉淀、吸附、解吸、络合、氧化还原等方式与土壤中各组分作用，形成不同的重金属存在形态。重金属形态影响着重金属在土壤中的迁移转化性和生物有效性，从而影响金属在土壤中的解吸状态及其后续的环境风险（Wuana et al.，2010）。土壤中的重金属可分为可交换态、碳酸盐结合态、铁锰氧化物结合态、有机结合态和残渣态 5 种形态，可交换态的迁移转化能力及生物活性最高，残渣态最低。通常情况下，重金属 5 种形态的淋洗效果从强到弱依次为：可交换态＞碳酸盐结合态＞铁锰氧化物结合态＞有机物结合态＞残渣态。可交换态和碳酸盐结合态的生物可利用性较高，容易释放到环境中，对环境及人体造成健康风险，而有机结合态组分需在强氧化的条件下才得以释放，残渣态组分多存在于矿物晶格中，其化学性质较稳定，不易释放，对环境危害相对较小。

此外，土壤淋洗效果还与淋洗时间、淋洗次数、淋洗温度等条件有关。一定范围内，随着淋洗次数、淋洗时间的增加及淋洗温度的提高，土壤中重金属污染物的去除率随之提高。但过多的淋洗次数会造成淋洗剂使用量及淋洗废液产量的增加，增加二次风险的概率。而淋洗时间过久或淋洗温度过高会增加修复过程中能耗的使用及修复成本，因此在实际工程应用中，应根据现场情况，合理优化淋洗过程条件及参数，以高效、快速、经济地完成污染土壤的淋洗修复。

3.5 技术前沿进展

目前，学者们在土壤淋洗修复技术方面已开展大量的基础研究和设备研发工作，主要包括淋洗药剂的筛选、多元淋洗剂的复配、淋洗工艺条件的优化、修复设备的升级改造等。淋洗修复技术未来研究热点将主要围绕绿色修复功能材料、多技术耦合工艺、集成智能修复装备等方面开展，从服务于单种污染物向多种污染物复合污染土壤的组合式修复技术过渡。

3.5.1 绿色修复功能材料研制

淋洗剂的选择取决于土壤中的污染物和添加淋洗剂后形成的污染物的形态，污染物在土壤中的移动性由酸度、溶液离子强度、氧化还原电位和络合物的形态决定。淋洗剂的选择一般需满足以下要求：①环境友好，生物降解性、低毒性，对土壤理化性质破坏性不强；②价格经济且具有实用性；③对土壤中污染物解吸能力强，对土壤低吸附；④淋洗剂和污染物易于分离，可以循环利用，且不对环境造成二次污染。

腐殖酸（HA）是近年来土壤修复领域研究的热点之一。腐殖酸是一种亲水胶体，由疏水性内部（脂肪族、芳香族）基团和亲水性外部（羧基、酚羟基、蛋白质和多聚糖）基团所组成。在低浓度时，其黏度较弱；而高浓度时，则形成胶体溶液或分散体系，是一种天然表面活性剂。腐殖酸的结构特征使其兼具络合剂、离子交换剂和表面活性剂等性能，是最具潜力、绿色环保的土壤淋洗剂之一（Montoneri et al.，2009）。然而，工业提取腐殖酸价格昂贵是阻碍其应用推广的限制性因素。近年来，有学者发现从堆肥中提取腐殖质成本低廉，能去除土壤中不同种类、不同形态重金属，这主要与腐殖质结构中羧基和酚类基团有关（Piccolo et al.，2019）。此外，腐殖质淋洗能提高重金属的生物可利用度，有潜力加速植物从土壤中提取重金属过程。

相比于传统的修复药剂，环境友好型纳米材料具有巨大的比表面积、超强的吸附螯合能力和优越的催化活性，可用于固定、吸附和捕获化合物，已成为国内外土壤修复领域关注的热点。Boente 等（2018）使用纳米零价铁（nZVI）吸附土壤颗粒中的潜在有毒元素强化土壤淋洗效果。基本流程为：nZVI 与重金属元素结合形成聚集体；污染土壤通过湿式强磁场磁选机（WHIMS）或水力循环进行粒径分级，实现 Cu、Pb 和 Sb 等重金属的有效回收。Kim 等（2019）研究中发现一种核心交联的两亲聚合物，并证实该纳米粒子适合处理重度污染的粉砂壤土。该两亲聚合物可从土壤中提取 96%的石油污染物，远高于非离子表面活性剂[TX-100、聚氧乙烯月桂醚（Brij30）]的洗脱性能。在剧烈混合条件下，该两亲聚合物仍保持完整纳米结构，仅从土壤基质中提取重有机化学药品（HOC），避免分散体形成。

“以废治废”是近几年提出的一种污染治理新思路，并取得一定的成效。众所周知，食物垃圾（FW）是城市固体废物（MSW）的主要类型，约占所有 MSW 的 60%（Gu et al.，2016）。Zou 等（2019）提供一种用食物垃圾提取挥发性脂肪酸（VFA）作为淋洗剂的新方法，结果表明，丁酸发酵VFA对重金属的淋洗效果优于丙酸发酵VFA，土壤中的钒（V）和铬（Cr）污染去除率可达57.09%和94.72%。Liu等（2019）采用制浆工艺的副产品木质素磺酸钾（KLS）作为淋洗剂开展效果评估，当KLS浓度为8%、pH为5.24、持续时间为6h时，土壤中Pb和Cu的去除率可达68%和73.42%。KLS的施入可有效改善土壤养分（氨态氮、有效磷和有效钾）水平。

3.5.2 多技术耦合工艺研发

淋洗修复技术是一种减量化技术，而非终端技术。针对传统淋洗法修复土壤中污染物效率较低的技术瓶颈，研究学者们开展一系列以淋洗技术为核心的多技术耦合工艺开发工作。Li等（2019）采用非离子表面活性剂TX-100强化PAHs的氧化降解效果，TX-100的添加能够显著提高3～6环PAHs去除效率，并降低土壤中含氧多环芳烃（oxy-PAHs）的毒性及环境风险。针对残渣态含量高的重金属污染土壤，推荐采用淋洗联合固化/稳定化修复技术，其中，经土壤淋洗（$FeCl_3$）+原位固定（CaO）后，Cd、Cu、Pb和Zn生物可利用度分别降低36.5%、73.6%、70.9%和53.4%，pH是决定联合修复过程中重金属稳定性的关键因素（Zhai et al.，2018）。超声强化淋洗修复技术是近年来研究较多的一种工艺方法，其基本原理为土壤剧烈搅拌可引起宏观尺度的混合，超声波在微观尺度上增加药剂与土壤颗粒的接触概率，从而显著增强污染物脱除效率。机械混合与超声波协同效应可促进土壤颗粒分散和降低能量输出，污染物淋洗效率进一步提高25%，总去除率可达82%～90%（Son et al.，2012；Park and Son，2017；Gao et al.，2018）。

3.6 技术涉及的产品与装备

土壤淋洗修复技术涉及的产品与装备主要包括各类淋洗剂和淋洗修复装备，表3.1和表3.2列举了部分淋洗剂、淋洗装备，详述了相关配方、适用范围、效果及实施案例等。

表 3.1 土壤淋洗修复药剂

编号	产品名称	核心配方	适用范围	功能效果	产业化情况	来源
1	三元溶剂混合物	5%戊醇-10%水-85%乙醇（v / v / v=1∶1∶1）	用于多环芳烃污染土壤修复	可去除土壤中 103.2%（萘），96.6%（苊烯、苊、菲和蒽），93.2%（荧蒽、芘、苯并[a]蒽、䓛），83.6%（苯并[b]荧蒽、苯并[k]荧蒽、苯并[a]芘、苯并[e]芘、二苯并[ah]蒽），68.9%（茚并[1,2,3-cd]芘、苯并[ghi]苝）	未商用	Khodadoust 等（2000）
2	Sea Power 101	0.5%（w/c）	用于石油烃污染土壤修复	可去除土壤中 94%的石油烃污染物	未商用	Uhmann 和 Aspray（2012）
3	硫酸钠蓖麻油微乳液（SCOS）	500mg/L SCOS，液固比 10∶1	用于多环芳烃污染土壤修复	土壤中菲提取率最高可达 69.9%	未商用	Zhao 等（2005）
4	饱和棕榈仁油（PKO）	砂子∶油：10g∶10mol/L；70℃	用于有机污染土壤修复	荧蒽（FLT）去除率 75%	未商用	von Lau 等（2014）

表 3.2 土壤淋洗修复设备

编号	设备名称	适用范围	设备参数	产业化情况	来源
1	车载式土壤淋洗修复装备	适用于重金属污染土壤修复	处理量：2t/h；运行参数：pH 2；30℃；固液比 1∶10	设备于湖南郴州某废渣堆存厂稳定运行 6 个月，土壤中重金属去除率：37.1%～51.1% As，44.3%～78.1% Cd，21.2%～64.3% Pb，29.2%～59.4% Zn	Li 等（2019）
2	中试规模土壤淋洗系统	适用于石油烃污染土壤的修复	处理量：40t/h，处理成本核算为 300～400 元/t	设备运行 4 个月，共计处理 2.46 万 m^3 石油污染土壤，石油烃和苯并[a]芘的去除率分别可达 97%和 73%	Kang 等（2012）
3	土壤快速淋洗技术装备	适用于砂性重金属污染土壤修复	处理量：20t/h	设备在辽宁、广东、青海、山东等污染场地应用	
4	全尺寸淋洗-电动筛分设备	适用于放射性污染物的去除	处理量：2500L；具体包括土壤清洗设备、电动分离设备、沉淀设备、浓缩设备和压滤机。运行参数：pH 0.5～1.0；固液比 1∶2.2；淋洗时间 3h；淋洗次数 2 次	可从土壤中除去 60%～65%的铀，经 35d 修复，铀去除率可达 99.0%	Kim 等（2012）
5	土壤淋洗修复设备	适用于重金属和有机复合污染土壤修复		在英国伦敦奥运场馆原址（斯特拉特福德的垃圾场和废弃场地）应用，合计处理 200 万 t 污染土壤	https: //www.deme-group.com/projects/site-remediation-lendon-olympics

3.7 技 术 案 例

依托863计划课题“污染土壤快速淋洗装备研制”的支持，中国科学院地理科学与资源研究所成功研制出具有自主知识产权的车载式土壤淋洗修复设备，并在湖南某尾砂堆存厂开展中试示范应用。

1. 场地概况

项目示范区位于湖南省郴州市高新技术产业园区内，整个污染场地长约270m，宽约150m，总面积约40000m^2。污染场地西部是南北走向的尾砂堆积区，长60～200m，宽约100m，尾砂堆积高度5～8m，属历史遗留尾砂。20世纪80年代开始，郴州市采选业发展迅猛，产生了大量的选矿尾砂，由于选矿设施简陋，未配套相应的环保设施，选矿尾砂乱堆乱弃、随意露天堆置，不仅占用大量用地，且对周边生态环境有极大的破坏。经检测，场地废渣为重金属复合污染，其中，Cr的平均含量为33.2mg/kg，Zn的平均含量为2781.6mg/kg，As的平均含量为2476.9mg/kg，Cd的平均含量为38.0mg/kg，Pb的平均含量为2236.6mg/kg。污染场地位置图见图3.3。

图3.3　污染场地位置图

中试示范研究主要评估土壤淋洗修复装备在废渣清洗过程中的可行性及效果，并针对淋洗修复过程中的关键工艺参数进行优化，计算全过程修复中的物料分配。为了避免二次污染，淋洗废液采用物理+化学结合方法处理后回用，淋洗后废渣采用固化/稳定化技术制成免烧砖，实现资源化利用。

2. 技术工艺

中国科学院地理科学与资源研究所将筛分技术与淋洗技术结合，优化现有设计，开发出一套筛分-淋洗修复集成工艺体系，工艺流程图见图 3.4。该集成体系主要包括磁力分选、动力筛分、淋洗搅拌、废液处理及污泥处置五大模块。其修复过程包括：污染土壤经磁力分选提取并回收目标金属；非磁性组分经初破碎后振动筛分成三级，石块和石砾经清水冲洗后直接用作建筑材料，筛分所得的粗、细颗粒土壤分别进入二级淋洗搅拌设备进行洗涤；清洗后产生的泥浆经两级水力旋分设备进行固液分离，淋洗废液经净化及再生后回用；污泥脱水处理后通过添加固化剂、稳定剂等修复材料对其安全处置，处理后土壤颗粒可回填，也可用作路基、建筑材料等。该发明工艺具有易于实现、适用范围广、处理效率高、资源节约等特点，能够针对性对不同粒径土壤颗粒中污染物进行洗脱，为科研人员开展土壤淋洗修复研究提供有效途径，为淋洗工艺工程化应用提供理论依据及技术参数。

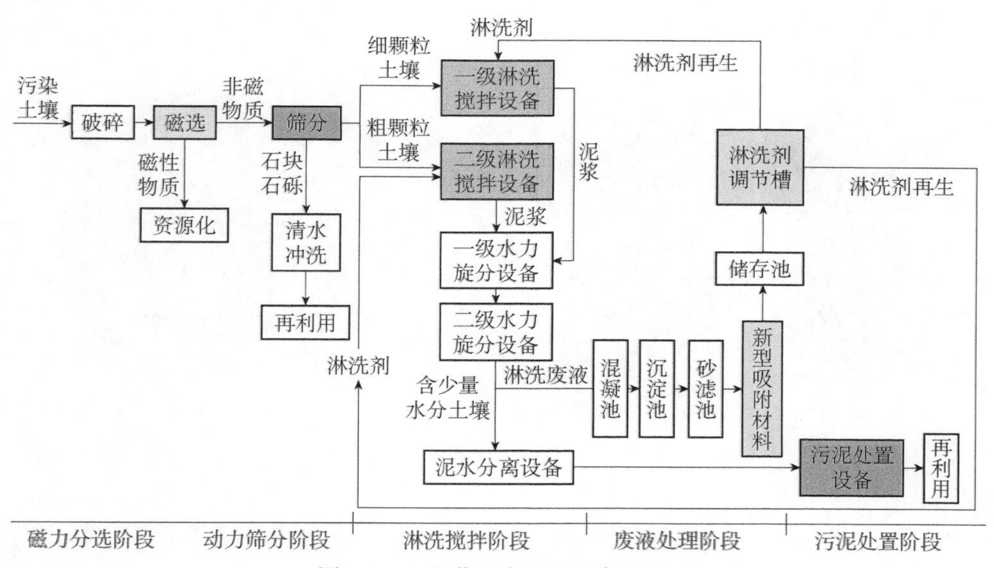

图 3.4　土壤淋洗修复工艺流程图

车载式土壤淋洗装备是一种由多个模块组成的移动式土壤淋洗装备，各元件设置在集装箱尺寸的机架中，具有快速清洗、运输方便等特点。该装备主要由土壤预处理模块、淋洗搅拌模块、浮选模块、废液回收模块、污泥处置模块及辅助模块等几部分组成，包含多级振动筛、淋喷搅拌罐、水力旋流器组、卸料开关、过滤防堵塞装置、废液取样口、淋洗废液处理罐、淋洗滤液储存罐、淋洗剂储存罐、板框压滤机、沉淀池、自来水进水管道、泥浆回流管道、电动泵、电磁阀、流量计、触摸屏操作系统、可编程逻辑控制器（PLC）电控柜等部件。装备能在1～3天内完成快速安装，日处理量3m³。装备占地面积小、修复效率高，具有快速清洗、运输方便、自动化控制等特点，领先于国内同行，特别适于城市工业污染场地的快速修复。设备设计图和实物图分别见图3.5和图3.6。

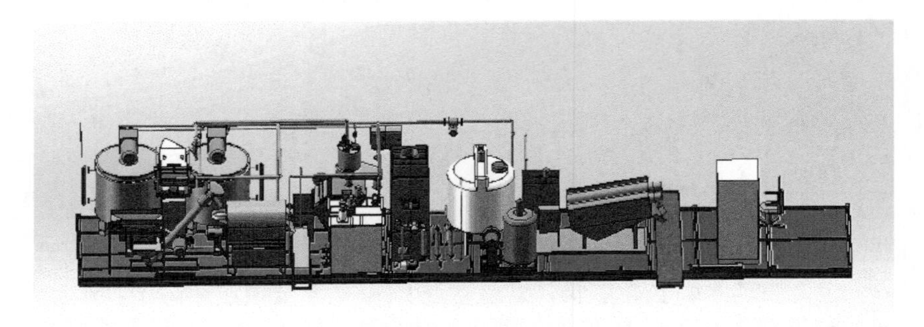

图3.5　土壤淋洗修复装备3D设计图

图3.6　移动式污染土壤快速淋洗及废液处理一体化修复装备实物图

3. 效果评估

筛分淋洗工艺能够实现36.5%介质减量；淋洗修复效率随着粒径的减小而降低，不同粒径组分中砷（As）、镉（Cd）、铅（Pb）、锌（Zn）的总去除率分别为37.1%～51.1%、44.3%～78.1%、21.2%～64.3%、29.2%～59.4%；淋洗修复最佳工艺参数为pH 2、30℃、液固比10∶1；为防止二次污染，产生的淋洗废液采用混凝沉淀-吸附二级处理，能够有效去除废液中99.4% As、99.9% Cd、93.5% Pb和99.1% Zn，各重金属浓度均满足地表水环境质量标准（表3.3）；细粒土壤经固化后制成免烧砖，其残余金属的浸出率和生物利用度较低，免烧砖各项性能指标优良。

表 3.3 淋洗废液处理效果及免烧砖性能

介质	要素	单位	测定值	标准
废液中浓度	As	mg/L	0.0473	＜0.1①
	Cd	mg/L	0.0094	＜0.01①
	Pb	mg/L	0.0128	＜0.1①
	Zn	mg/L	0.2542	＜2①
免烧砖浸提浓度	As	mg/L	0.0050	＜0.1①
	Cd	mg/L	0.0004	＜0.01①
	Pb	mg/L	0.0690	＜0.1①
	Zn	mg/L	0.0026	＜2①
免烧砖性能指标	抗压强度	MPa	17.18	＞15②
	冻融后抗压强度	MPa	14.89	＞12②
	冻融后质量损失	%	1.23	＜2②
	吸水性	%	7.31	＜18②

注：①《地表水环境质量标准》(GB 3838—2002)；②《非烧结垃圾尾矿砖》(JC/T 422—2007)。

4. 评估总结

该技术装备实现国内首次重金属废渣淋洗中试示范及验证，于湖南省郴州市某废渣堆存污染场地开展污染土壤及废渣综合治理，合计处理重金属污染土壤约 300m^3，废渣 50m^3。

3.8 技术发展趋势

土壤淋洗是一种高效、切实可行的污染土壤修复技术，其集约化、自动化程度高，修复成本低，是污染场地修复领域应用最多的主要或辅助修复技术之一。现场实践应用已证实土壤淋洗修复技术工艺成熟、运行可靠，具备大规模工程化应用的潜力，市场前景广阔。

淋洗修复技术及装备未来发展趋势主要有以下三点。

(1) 绿色修复材料研发：淋洗药剂要满足环保、高效、低廉、资源化；

(2) 先进修复工艺优化：采用多技术联用以降低修复难度及成本；

(3) 智能化修复设备研制：实现移动式、模块化、数据采集与在线监测、操作智能化、修复精准化。

参 考 文 献

李尤，廖晓勇，阎秀兰，等. 2015. 鼠李糖脂淋洗修复重金属污染土壤的工艺条件优化研究. 农业环境科学学报，（7）：1287-1292.

熊惠磊，王璇，马骏，等. 2016.多级筛分式淋洗设备在复合污染土壤修复项目中的工程应用. 环境工程，（7）：181-185，170.

杨冰凡，胡鹏杰，李柱，等. 2013. 重金属高污染农田土壤 EDTA 淋洗条件初探. 土壤，5：928-932.

Anderson R，Rasor E，Van Ryn F. 1999. Particle size separation via soil washing to obtain volume reduction. Journal of Hazardous Materials，66（1）：89-98.

Asha A J，Kirti V D，Anupa N. 2008. Bioremediation of multi-metal contaminated soil using biosurfactant-a novel approach，Indian. Microbiol，48：142-146.

Baker A J M. 1981. Accumulators and excluders-strategies in the response of plants to heavy metals. Journal of Plant Physiology，3：643-654.

Boente C，Sierra C，Martínez-Blanco D，et al. 2018. Nanoscale zero-valent iron-assisted soil washing for the removal of potentially toxic elements. Journal of Hazardous Materials，350：55-65.

Ferraro A，Van Hullebusch E D，Huguenot D，et al. 2015. Application of an electrochemical treatment for EDDS soil washing solution regeneration and reuse in a multi-step soil washing process：case of a Cu contaminated soil. Journal of Environmental Management，163：62-69.

Gao Y X，Ding R，Chen X，et al. 2018. Ultrasonic washing for oily sludge treatment in pilot scale. Ultrasonics，90：1-4.

Gu B X，Jiang S Q，Wang H K，et al. 2016. Characterization，quantification and management of China's municipal solid waste in spatiotemporal distributions：a review. Waste management，61：67-77.

Guo X，Wei Z，Wu Q，et al. 2016. Effect of soil washing with only chelators or combining with ferric chloride on soil heavy metal removal and phytoavailability：field experiments. Chemosphere，147：412-419.

Kang W H，Cheong J G，Kim K，et al. 2012. Restoration of petroleum-contaminated soils by field-scale soil washing system. International Conference on Environmental Science and Technology IPCBEE：30.

Khodadoust A P，Bagchi R，Suidan M T，et al. 2000. Removal of PAHs from highly contaminated soils found at prior manufactured gas operations. Journal of Hazardous Materials，80（1-3）：159-174.

Kim G N，Kim S S，Park H M，et al. 2012. Development of complex electrokinetic decontamination method for soil contaminated with uranium. Electrochimica Acta，86：49-56.

Kim N，Kwon K，Park J，et al. 2019. *Ex situ* soil washing of highly contaminated silt loam soil using core-crosslinked amphiphilic polymer nanoparticles. Chemosphere，224：212-219.

Li Y，Liao X，Huling S G，et al. 2019. The combined effects of surfactant solubilization and chemical oxidation on the removal of polycyclic aromatic hydrocarbon from soil. Science of the Total Environment，647：1106-1112.

Li Y，Liao X，Li W. 2019. Combined sieving and washing of multi-metal-contaminated soils using remediation equipment：a pilot-scale demonstration. Journal of Cleaner Production，212：81-89.

Liao X Y，Li Y，Yan X L. 2016. Removal of heavy metals and arsenic from a co-contaminated soil by sieving combined with washing process. Journal of Environmental Sciences，41（3）：202-210.

Lim M，Kim M J. 2013. Reuse of washing effluent containing oxalic acid by a combined precipitation-acidification process. Chemosphere，90：1526-1532.

Liu Q，Deng Y，Tang J，et al. 2019. Potassium lignosulfonate as a washing agent for remediating lead and copper co-contaminated soils. Science of the Total Environment，658：836-842.

Maity J P，Huang Y M，Hsuc C M，et al. 2013. Removal of Cu，Pb and Zn by foam fractionation and a soil washing process from contaminated industrial soils using soapberry-derived saponin：a comparative effectiveness assessment. Chemosphere，92（10）：1286-1293.

Mao X，Jiang R，Xiao W，et al. 2015. Use of surfactants for the remediation of contaminated soils：a review. Journal of Hazardous Materials，285：419-435.

Montoneri E，Boffa V，Savarino P，et al. 2009. Biosurfactants from urban green waste. ChemSusChem，2：239-247.

Mulligan C N，Yong R N，Gibbs B F. 2001a. Heavy metal removal from sediments by biosurfactants. Journal of Hazardous Materials，85：111-125.

Mulligan C N，Yong R N，Gibbs B F. 2001b. Surfactant-enhanced remediation of contaminated soil：a review. Engineering Geology，60（1-4）：371-380.

Paria S. 2008. Surfactant-enhanced remediation of organic contaminated soil and water. Advances in Colloid and Interface Science，138（1）：24-58.

Park B，Son Y. 2017. Ultrasonic and mechanical soil washing processes for the removal of heavy metals from soils. Ultrasonics Sonochemistry，35：640-645.

Piccolo A，Spaccini R，De Martino A，et al. 2019. Soil washing with solutions of humic substances from manure compost removes heavy metal contaminants as a function of humic molecular composition. Chemosphere，225：150-156.

Polettini A，Pomi R，Calcagnoli G. 2008. Assisted washing for heavy metal and metalloid removal from contaminated dredged materials. Water，Air and Soil Pollution，196（1-4）：183-198.

Son Y，Nam S，Ashokkumar M，et al. 2012. Comparison of energy consumptions between ultrasonic，mechanical，and combined soil washing processes. Ultrasonics Sonochemistry，19（3）：395-398.

Sturges J S G，Beth J P，Randy C P. 1991. Performance of soil flushing and groundwater extraction atthe United chrome superfund site. Journal of Hazardous Materials，29：59-78.

Torres L G，Lopez R B，Beltran M. 2012. Removal of As，Cd，Cu，Ni，Pb，and Zn from a highly contaminated industrial soil using surfactant enhanced soil washing. Physics and Chemistry of the Earth，Parts A/B/C，37：30-36.

Uhmann A，Aspray T J. 2012. Potential benefit of surfactants in a hydrocarbon contaminated soil washing process：fluorescence spectroscopy based assessment. Journal of Hazardous Materials，219：141-147.

von Lau E，Gan S，Ng H K，et al. 2014. Extraction agents for the removal of polycyclic aromatic hydrocarbons（PAHs）from soil in soil washing technologies. Environmental Pollution，184：640-649.

von Lau E，Gan S，Ng H K. 2012. Extraction of phenanthrene and fluoranthene from contaminated sand using palm kernel and soybean oils. Journal of Environmental Management，107：124-130.

Wuana R A，Okieimen F E，Imborvungu J A. 2010. Removal of heavy metals from a contaminated soil using organic chelating acids. International Journal of Environmental Science and Technology，7（3）：485-496.

Zhai X，Li Z，Huang B，et al. 2018. Remediation of multiple heavy metal-contaminated soil through the combination of soil washing and in situ immobilization. Science of the Total Environment，635：92-99.

Zhao B，Zhu L，Gao Y. 2005. A novel solubilization of phenanthrene using winsor I microemulsion-based sodium castor oil sulfate. Journal of Hazardous Materials，119（1-3）：205-211.

Zou Q，Xiang H，Jiang J，et al. 2019. Vanadium and chromium-contaminated soil remediation using VFAs derived from food waste as soil washing agents：a case study. Journal of Environmental Management，232：895-901.

第4章　热脱附修复技术

4.1　技术概述

热脱附技术是通过直接或间接热交换作用，将土壤中的污染介质及其所含的污染物加热，通过控制系统温度和物料停留时间，有选择性地促使污染物挥发、分离或裂解，使污染物与土壤颗粒分离，从而达到治理污染土壤目的的一种修复技术。热脱附技术可处理挥发性有机物（VOCs）及半挥发性有机物（SVOCs，如石油烃、农药、多氯联苯等）和汞，但不适用于无机物污染土壤（汞除外），也不适用于腐蚀性有机物、活性氧化剂和还原剂含量较高的土壤。

热脱附技术是热处理技术中的一种，最早起始于20世纪80年代。1989年，Lighty等（1989）设计了两种土壤热脱附反应器——颗粒型土壤反应器（particle-characterization reactor）和土层反应器（bed-characterization reactor）——用于验证热脱附技术对二甲苯污染土壤修复的可行性。同年，Farmayan等（1989）研究了热脱附技术对有机氯农药污染土壤的修复性能，结果表明，在处理温度为250℃条件下，处理后土壤中有机氯农药浓度可有效降低至50μg/kg以下。在之后的几十年里，热脱附技术逐渐发展成为污染场地的主流修复技术之一，在污染土壤修复领域广泛应用。据美国国家环境保护局报告[①]指出，在1982～2011年美国超级基金所开展的场地修复项目中，有103个场地使用了热脱附技术，涉及目标污染物包括多环芳烃、半挥发性有机物、苯系物、挥发性有机物、有机农药和除草剂、多氯联苯等。国内热处理修复技术的基础研究始于21世纪初，国内刊物公开报道的热脱附技术研究最早见于2008年。张峰等（2008）报道了热脱附技术去除飞灰中二噁英的研究，研究结果表明，在400℃下，飞灰中二噁英的平均脱附效率可高达99.7%。2010年热脱附技术被首次应用于杭州某农药污染场地的土壤修复项目，取得了良好的效果。此后，热脱附修复技术在国内被广

---

① USEPA. Superfund Remedy Report，14th edn. Office of Solid Waste and Emergency Response，Washington，D C. www.epa.gov/remedytech/superfund-remedy-report.

泛应用于多个污染场地修复项目中。

4.2 技术原理

一般认为热脱附是一个物理分离过程，目的是将污染物从固相转移至气相，而不以有机物的降解为主要目的。热脱附修复技术示意图如图 4.1 所示，热脱附修复技术系统由热脱附系统和空气污染控制系统组成，二者结合实现污染物的解吸脱附和尾气的净化处理。根据是否需要挖掘土壤、物料的加热温度和热量提供方式，热脱附技术进一步细分为：原位热脱附和异位热脱附、直接加热热脱附和间接加热热脱附、低温热脱附和高温热脱附（Feeney et al.，1998）。

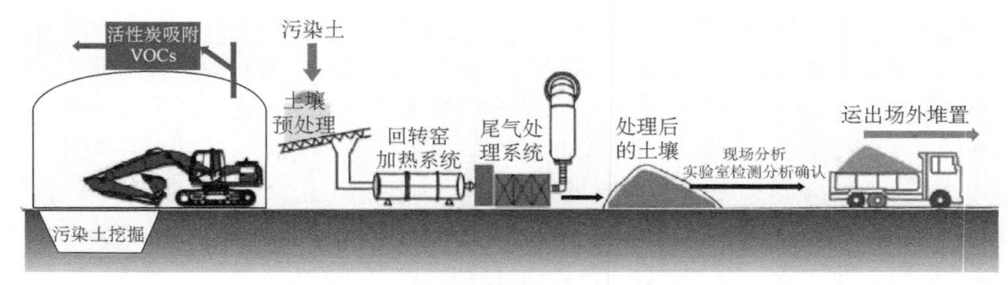

图 4.1 热脱附修复技术工艺示意图

资料来源：http://www.gepresearch.com/100/view-1944-1.html

4.2.1 原位热脱附和异位热脱附

按照施工方式，热脱附技术分为原位热脱附和异位热脱附。原位热脱附主要包括热毯/热墙式和热井式。其基本思想是在不挖掘土壤情况下，向土壤中加入热介质，同时收集挥发性气体并加以处置。实际应用结果表明，热毯/热墙技术被应用于原位修复污染土壤，处理成本估计为每吨土壤 100～300 美元。异位热脱附则是将污染土壤转移至热脱附处理设备中进行处理处置的一种方法，相比于原位热脱附，异位热脱附修复周期短，修复过程可控性高，但由于需要专业设备和挖掘土壤，其修复成本略高于原位热脱附。

4.2.2 直接加热热脱附和间接加热热脱附

按照热量提供方式，热脱附技术可分为直接加热式和间接加热式。直接加热热脱附热源与污染土壤直接接触，传热效率高，但需要处理的烟气量较大；间接加热热脱附热源与污染土壤不直接接触，需要处理的尾气量较小，但系统总的热效率相对较低（表 4.1）。

表 4.1　间接加热热脱附和直接加热热脱附对比

工艺	类别	进料系统	脱附系统	尾气系统
直接加热热脱附	直接加热	通过筛分、脱水、破碎、磁选等预处理，将污染土壤从车间运送到脱附系统中	污染土壤进入热转窑后，与热转窑燃烧器产生的火焰直接接触，被均匀加热至目标污染物气化的温度以上，达到污染物与土壤分离的目的	富集气化污染物的尾气通过旋风除尘、焚烧、冷却降温、布袋除尘、碱液淋洗等环节去除尾气中的污染物
间接加热热脱附	间接加热	通过筛分、脱水、破碎、磁选等预处理，将污染土壤从车间运送到脱附系统	污染土壤被间接加热至污染物的沸点后，污染物与土壤分离，废气经燃烧直排	富集气化污染物的尾气通过过滤器、冷凝器、超滤设备等环节去除尾气中的污染物。气体通过冷凝器后可进行油水分离，浓缩、回收有机污染物

4.2.3　低温热脱附和高温热脱附

按照加热温度，热脱附技术可分为高温热脱附（＞320℃）和低温热脱附（＜320℃），高温热脱附主要通过热毯或加热井中的加热器件进行热传导加热，并通过气提井和鼓风机将水蒸气和污染物收集起来加以处理。加热毯和加热井的加热元件可以升温至 1000℃，使污染物挥发气化，通过抽风造成负压，使之迁移到收集系统，再通过热氧化和活性炭吸附等过程去除污染物（Farmayan et al.，1989）。低温热脱附是利用蒸汽井（包括蒸汽注射钻头、热水浸泡或依靠电阻加热产生蒸汽）加热土壤，蒸发污染物，使非水质液体进入提取井，再利用潜水泵收集流体，真空泵收集气体，送至处理设施进行处理（Farmayan et al.，1989）。高温热脱附应用于沸点较高的半挥发性有机物，如二噁英、多氯联苯等；低温热脱附应用于沸点较低的挥发性有机物，如汽油、苯等。

4.3　技术适用范围与优缺点

4.3.1　技术适用范围

热脱附技术适合重污染土壤、含非水相流体（NAPL）的污染土壤以及污染源区域的土壤修复治理（喻敏英等，2010），特别适合较难开展异位修复的污染区域，对多氯联苯（PCBs）、农药（敌敌畏、六六六等）、石油以及硝基苯、多环芳烃（PAHs）、多溴二苯醚（PBDEs）、二噁英和呋喃（PCDD/Fs）等有机污染土壤具有较好的修复效果。一般不适用于含重金属、有机防腐剂、活性氧化剂和还原剂的污染土壤以及污泥、沉淀物、滤渣的修复（Farmayan et al.，1989）。

4.3.2 技术优点

热脱附修复技术自问世以来就得到了人们的广泛关注，已被应用于各种类型的有机污染场地，是当前工业污染场地修复的常见修复技术之一。热脱附修复技术的主要优点如下。

（1）应用范围广：对低渗透性土壤及非均质性土壤均具有较强的适用性，同时适用于各类有机污染物的去除。

（2）修复周期短：热脱附修复最短可在 1 个月内完成，而诸如化学氧化等其他修复技术修复周期普遍在 3 个月以上。

（3）修复过程可控：热脱附修复主要通过加热促使有机污染物解吸来进行，不同污染物在不同温度下的解离程度不同，因此可通过控制温度，对不同类型污染进行分阶段降解。

4.3.3 技术缺点

热脱附修复技术主要缺点如下。

（1）设备组装应用过程复杂：需要现场提供一定面积的设备区域，设备组装调试时间较长，对污染土壤进料含水率及塑性指数要求较高。

（2）原位热脱附受水分影响明显：加热过程会促使土壤水分蒸发，因而方案设计时需考虑对地下水水位及流速的控制，对于地下水位以下的污染物，需要采用止水帷幕等工程辅助措施。

（3）能源消耗大：该技术需要将土壤加热至较高的温度，运行过程中需消耗大量电能，场地保温隔热和节能降耗成为应用难点。

（4）土壤性质易受影响：热脱附处理过程要求专业的设计和操作，能耗较高，会使土壤物理结构改变以及土壤水分、质地均影响蒸发过程，因而该技术在脱附工艺和设备研发方面尚需改进。

4.4　技术影响因素

在实际工业污染场地修复过程中，热脱附修复技术的修复效果往往受到包括热脱附温度、热脱附时间、土壤理化性质等多种因素的影响，各因素对热脱附修复技术的影响如下。

4.4.1　热脱附温度

温度是影响热脱附修复的主要因素。温度对于脱附的影响与污染物自身的性质、土壤类型等相关，通常污染物的吸附系数会随温度的升高而降低。有研究指出，在饱和条件下，当环境温度从 20℃升高至 90℃时，三氯乙烯（TCE）的土壤-水吸附系数可下降 50%，土壤-气吸附系数将会下降一个数量级，从而增加了热流从土壤固相颗粒表面中转移污染物的能力（Costanza et al.，2009）。

一般而言，热脱附温度越高，脱附效率越高，脱附周期越短。Heron 等（1998）利用电加热法对三氯乙烯污染的土壤开展研究，结果表明在 23℃条件下，热脱附去除效果较差，修复周期长达一年以上，而在 100℃下配合蒸汽抽提技术仅需 37 天去除率就可达 99.8%。虽然温度越高，污染物去除率越高，但污染物去除率与温度并非呈线性关系。祁志福（2014）在水平管式炉内对多氯联苯污染的土壤进行热脱附实验，研究表明在 300℃和 500℃条件下，多氯联苯的去除率分别为 64.2%和 92.2%，且水平管式炉在 300～400℃升温时，多氯联苯的去除率迅速升高，当温度在 400～500℃时，去除率提升相对缓慢。Merino 和 Bucalá（2007）在探究温度影响十六烷热脱附效果时也发现，在 300℃时十六烷的去除率已达 99.9%，继续升高温度去除率不会有明显的提高。一般而言，对于初始浓度高的有机污染物，需要提高热脱附温度，而初始浓度较低的有机污染物，则可以选用较低的温度取得相同的处理效果。

4.4.2　停留时间

停留时间是影响热脱附效果的关键因素，一般而言，温度越高，停留时间越长，热脱附效果越好（Zhao et al.，2019；Aresta et al.，2008）。Qi 等（2014）发现在 600℃加热 20min、40min 和 60min 后的去除效率分别为 20.86%、64.47%和 95.7%，20～40min 间隔内总 PCBs 的去除率大于前 20min 内的去除率。王瑛等

（2012）研究了温度和停留时间对滴滴涕污染土壤热脱附效果的影响，结果显示在300℃、400℃和500℃条件下使得滴滴涕去除率大于97%时的停留时间分别为40min、10min和10min，能耗分别为3.42kJ、2.50kJ、4.34kJ，显然温度为400℃，停留时间为10min时的处理效果最佳且能源利用最少。在热脱附处理前期，温度起主导作用，而在温度稳定后的中后期，时间则是主要影响因素。张攀等（2012）在研究热脱附硝基苯时发现在300℃下加热30min，硝基苯脱附效率为86.93%，继续加热10min，脱附效率没有明显提高，停止加热静置10min后测得硝基苯脱附效率为91.03%。此外，Lee等（1998）提出，对于热脱附系统，可以通过在低温下延长加热时间以有效避免由高温引起的土壤结构破坏。

4.4.3 土壤质地

不同场地、同一场地不同区域的土壤类型可能存在较大差异，而砂土和黏土的导热系数、热容量相差约三倍，因而热传导过程中黏土层、砂土层和砾石层的升温速率也存在明显差异（Zhao et al.，2019）。研究表明，土壤结构能够显著影响污染物的修复时间和温度，柴油污染的砂质和粉质土壤的修复温度需要至少175℃，而黏土的修复温度至少需要250℃（Falciglia et al.，2011a，2011b）。此外，比表面积、内孔尺寸、物理化学性质等的差异也影响原位热脱附对污染土壤的修复效果。一般情况下，小粒径土壤比大粒径土壤具有更高的污染物热解效率，并且多孔材料污染物解吸相对缓慢（Meng et al.，2013）。

4.4.4 土壤含水率

含水率影响着热脱附效率及工程成本，较高和较低的含水率不利于有机污染物的去除（Zhuang et al.，2014）。李翼然（2016）研究了在含水率为5%、10%、15%、17%、20%条件下热脱附技术对罗丹明B的去除，结果发现含水率为5%～15%时，罗丹明B的去除率呈上升趋势，含水率为15%～20%时，去除率下降。孙磊等（2004）在五氯酚污染土壤热脱附实验中发现含水率适中的土壤五氯酚脱附率较高，处于水饱和状态与较干燥的土壤脱附率较低。对于原位热脱附技术，较高含水率的土壤热容量高，热损失较慢，但较高的含水率不利于污染物的脱附，且易消耗大量的能源（Falciglia et al.，2011；Rogers et al.，2010）；较低含水率的土壤热容量低，热损失较快，但对于热传导热脱附技术和蒸汽热脱附技术热脱附效果较好，而电阻热脱附技术则需要定期实施补水工作以保证电导率。

4.4.5 土壤渗透性

渗透性的高低影响着有机污染物的抽提，热脱附技术能够处理低渗透性的污染场地，但对于渗透性较好的土壤，通过电阻热脱附技术或热传导热脱附技术加热，脱附的VOCs和SVOCs更容易被抽提，去除率更高。一般而言，土壤渗透性由土质类型和颗粒尺寸决定，砂土和粉土的渗透性较好，热脱附效率较高，黏土渗透性较差，并且有机质含量较高，对有机污染物的结合力较强，因此热脱附效率较低。祁志福（2014）发现细颗粒比粗颗粒更易脱附多氯联苯，因为细颗粒比表面积较大，可供多氯联苯脱附的面积较大；另外细颗粒升温较快，且细颗粒脱附多氯联苯所需的温度低于粗颗粒。

4.4.6 污染物初始浓度

研究表明，在其他条件一致的情况下，热脱附去除效率随污染物初始浓度的升高而增加（Zhao et al.，2019）。Zhang等（2012）使用热脱附技术治理硝基苯污染土壤，结果发现当加热温度和时间相同时，硝基苯的去除效率随着硝基苯初始浓度的增加而增加。Risoul等（2002）研究结果也表明，在一定温度范围（100～300℃）内，高浓度（3700mg/kg）污染物去除效率较低浓度（50mg/kg）高了10%～20%。对上述结论的解释是：①当初始浓度较低时，污染物被土壤中的高能吸附位点吸附，污染物难以解吸，因而热脱附效率偏低；②当污染物初始浓度较高时，土壤中高能吸附位点趋于饱和，大量污染物直接暴露于土壤表面，因而更易在加热条件下解吸脱附（Zhao et al.，2019）。

4.5 技术前沿进展

热脱附修复技术已经成为有机污染场地修复领域中一项较为成熟的修复技术，近年来，针对热脱附修复技术的研究主要集中于新型加热方式研发、技术联用及针对汞污染土壤的热脱附修复优化等。

当前热脱附修复技术的主要缺点在于能耗过高，新型加热方式的研发及技术联用可有效促进热脱附修复技术向更低能耗、更高修复效率及更短的修复周期方向不断发展。例如，微波热脱附是近年兴起的一种热脱附技术，与其他常规加热方式不同，微波辐射可以穿透土壤，以电磁波的形式传递能量来加热土壤颗粒中的有机污染物，促进其与土壤颗粒的分离（Cunha et al.，2018）。Luo 等（2019）使用微波热脱附技术治理被石油污染的土壤，250～300℃下处理 20min 后，土壤中石油烃浓度下降至标准以下，回收率达 91.6%。此外，通过技术联用强化热脱附修复技术也是当前的研究热点之一。如 Liu 等（2019）通过在修复体系中加入氢氧化钙强化热脱附修复技术对土壤中多氯联苯的修复，结果表明，氢氧化钙协同热脱附技术可显著提高土壤中多氯联苯的去除效率，降低热脱附修复过程中二次污染物（如二噁英）的生成。Zhao 等（2017）联合机械研磨和热脱附修复技术治理多氯联苯污染土壤，结果表明，以 1∶1 的比例将 CaO 粉末和土壤混合后碾磨 4h 后，土壤中多氯联苯浓度及毒性当量分别下降了 74.6%和 75.8%，随后在 500℃下加热 60min 后，多氯联苯总去除率达 99.5%。

热脱附修复技术治理汞污染土壤主要是利用了汞的挥发性。汞在 1 个大气压下的沸点为 350℃，热脱附技术处理汞污染土壤的流程主要是通过加热和减压的方式促进土壤中汞挥发，随后将其冷凝成液态汞（He et al.，2015）。Zhao 等（2017）使用低温热脱附技术治理受汞污染的农田土壤，实验结果表明，污染土壤在 300℃条件下处理 30min 后，土壤中汞浓度由 255.74mg/kg 降低至 70.63mg/kg，有效降低了农田土壤中汞的生态风险。Falciglia 等（2017）同时使用增强剂和微波加热强化热脱附修复海洋沉积物中的汞，结果表明，在同时添加螯合剂柠檬酸和表面活性剂吐温 80 条件下，通过微波加热强化热脱附对沉积物中汞的去除效率可高达 99%，较不添加强化剂的微波热脱附去除效率高 12%～27%。此外，He 等（2014）的研究结果也表明，热脱附技术可有效去除土壤中的汞，加入 $FeCl_3$ 对汞去除促进作用极为显著。

4.6 技术涉及的产品与装备

热脱附修复技术通过加热升温作用，促使土壤中挥发性或半挥发性污染解吸脱附，从而达到去除土壤中挥发性或半挥发性污染物的效果。热脱附修复过程中一般不涉及药剂添加，修复主要通过修复设备进行，部分土壤热脱附修复装备如表 4.2 所示。

表 4.2　土壤热脱附修复设备

编号	设备名称	适用范围	设备参数	产业化情况	来源
1	GN Thermal Desorption Unit	各类土壤有机污染物	物料温度 500℃，功率 150kW，处理量 3.5～5t/h	商业化	GN SOLIDS CONTROL,Inc
2	Anaerobic Thermal Desorption Unit	多氯联苯、多环芳烃等有机物	物料温度最高可达 760℃，停留时间 60min	商业化	RLC Technologies,Inc
3	热脱附成套设备	各类挥发性及半挥发性有机物	物料温度 600℃，功率 50 kW，处理量 20t/h，活性炭吸附尾气	商业化	北极星环保网
4	热脱附装备	挥发性、半挥发性有机物及汞	物料温度 450～600℃，处理量 8t/h，物料停留时间 10～60min	商业化	北极星环保网
5	流化床热脱附设备	有机污染物及汞	物料温度 750～850℃	未商业化	专利 CN205551073U
6	电磁加热热脱附装备	有机污染物及汞	功率 200kW，处理量 0.5t/h，占地面积 $30m^2$	未商业化	专利 CN207738704U

4.7　技术案例

4.7.1　美国马萨诸塞州格罗夫兰镇原位热修复项目

1. 场地概况

谷地制造公司（Valley Manufacturing Products Company，VMPC）的建筑设施受到一种挥发性有机化合物三氯乙烯（TCE）的污染。该地的地下水中也存在 TCE 的分解产物顺式-1,2-二氯乙烯（顺式-1,2-DCE）。据报道，估计有 3000gal①的污染物通过意外释放和地下注入系统排放到环境中。场地污染已从渗流区迁移到地下水。1979 年，格罗夫兰镇的两个饮用水供应井被确认受到 TCE 的影响，不再作为水源。1982 年，该场地被列入美国国家优先名单。根据 2006 年和 2009 年的场地调查，处理区的总面积计算为约 $14830ft^2$②，总体积为 $17450yd^3$③。共描绘了四个处理区域，每个处理区域具有不同的处理深度，范围为地表以下 0～45ft（图 4.2）。

---

① 1gal=4.54609L。
② 1ft=0.3048m；$1ft^2=9.290304\times10^{-2}m^2$。
③ $1yd^3=0.7645536m^3$。

图 4.2　修复场地位置

2. 技术工艺

该场地使用原位热脱附修复技术对污染土壤进行原位治理，其修复流程如图 4.3 所示。土壤中挥发性有机物在加热电极的加热作用下从土壤中解吸脱附，经由抽提井被抽提系统转移至废气处理单元，处理达标后排放至大气中。

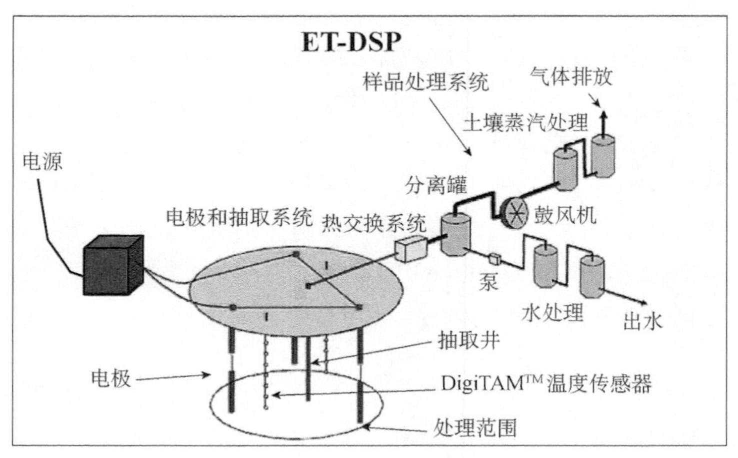

图 4.3　修复流程示意图

3. 效果评估

该项目原位热修复的总成本约为 3700 万美元。该成本包括系统设计、建造、运维、电力成本和分包商费用。原位热修复系统的单位处理成本估计为 1200 美元/m^3。考虑到其他分包商成本（包括场地准备活动、废物处理、土壤钻孔、实验室分析和电气/自动控制服务）时，单位处理成本约为 1500 美元/m^3。USEPA 移动实验室在主动采暖期间每月提供一次实时 TCE 数据分析。使用此移动实验室可降低直接分析成本并提供实时数据，从而帮助团队及时做出决策。

该项目在运行 192 天后于 2011 年 2 月关闭，至此系统已从原位热修复区域移除了大约 1300lb[①] 的 VOCs。此外，还去除了 200 万 gal 的水和冷凝物，3.11 亿 ft^3[②] 的不可冷凝蒸汽和 18gal 的 NAPL。土壤和地下水确认取样结果表明，现场的 TCE 和顺式-1,2-DCE 浓度显著降低。

4. 评估总结

原位热脱附修复技术有效处理了马萨诸塞州格罗夫兰某工业场地挥发性有机物的污染。该技术能够提高源头控制修复措施的有效性，并减少地下水抽出处理系统运行的时间。这一项目的成功实施也为后续热脱附修复技术提供了参考和启示，如更多采样以获得更准确的设计，在寒冷天气使用隔热材料提高处理效率等。

4.7.2　山西某化工厂有机污染物热脱附修复工程

1. 场地概况

山西某化工厂拥有 50 多年的生产历史，主要产品包括聚氯乙烯、烧碱、液氯、氯化苯、氯磺酸、己二酸、环己酮、苯酚等。经过常年的生产活动，该化工厂土壤已被多种有机污染物污染，根据场地信息判断的潜在污染源位置以及前期在厂区内采样检测的结果，该项目选定氯苯车间侧旁严重污染的空地为修复示范场地。场地南北长约 18.7m，东西宽约 14m，面积约 261.8m^2。

2. 技术工艺

该场地通过电阻加热系统的热脱附修复技术来进行场地修复，电阻加热系统向安装在地下土壤中的电极施加电力，当电流通过土壤从电极到电极时，会加热土壤和地下水使土壤中存在的污染物变得更易流动或挥发，产生土壤蒸气和蒸汽，通过蒸汽回收井提取，土壤蒸汽和液体提取系统会处理提取的土壤蒸

---

① 1lb=0.453592kg。
② $1ft^3=2.831685\times10^{-2}m^3$。

气和液体。具体流程如图 4.4 所示。

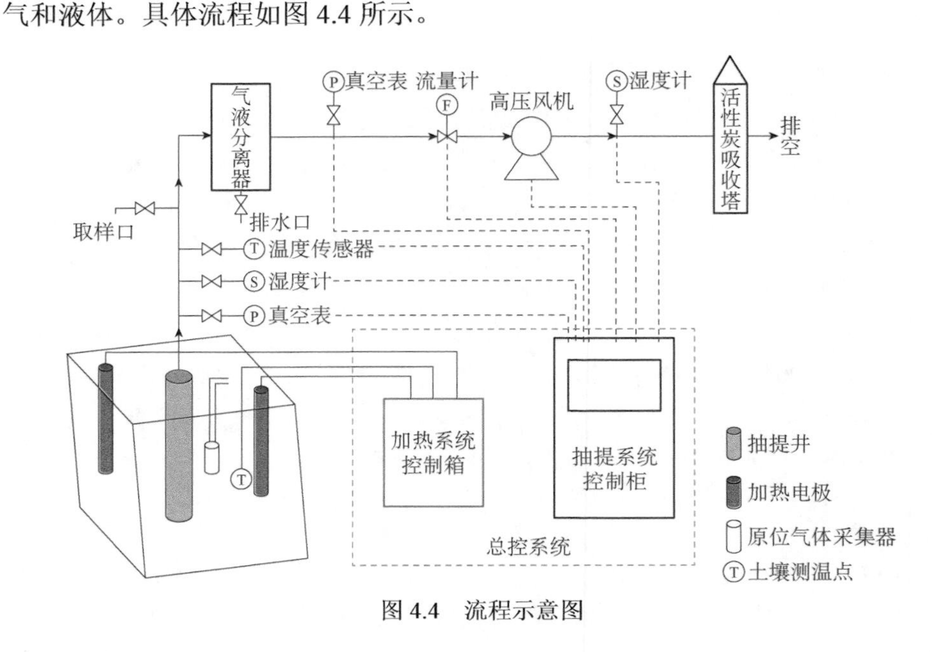

图 4.4　流程示意图

3. 效果评估

在实际污染场地上的应用试验结果表明，热电阻强化抽提技术使氯苯、1,2-二氯苯、1,4-二氯苯和 2,2′,3,3′,5,5′,6,6′-八氯联苯的去除效率相对于常规抽提技术分别提高了 123%、81%、223%和 182%。热处理强化系统的加入稳定了土壤渗透率等关键环境条件，保证了抽提流量不受环境气温变化的影响，显著提高了有效运行时间，使抽提系统在冬季可以不受外界气温过低的影响而保持正常运行；同时还提高了原位污染物质的挥发扩散能力，促进了污染物质的去除，对半挥发性污染物质去除的促进作用高于挥发性污染物，有效扩大了气相抽提技术的污染物质适用范围。同时修复周期较短，修复成本较合理。该场地修复时间为 70 天，修复成本约为每吨土 642 元。热处理强化技术可以有效解决常规气相抽提技术在我国北方平均气温较低地区修复效率较低的问题，延长气相抽提技术的全年应用时间。从成本核算的角度考虑，可以采用在春夏季用常规抽提而在秋冬季用热处理强化抽提的交替式修复方法。

4. 评估总结

相比于国外，国内污染场地修复的研究起步较晚，开展热脱附修复技术相关的研究及场地修复示范有助于更好地积累污染场地修复的工程实践经验，为形成热脱附修复的工程应用规范奠定基础。同时对于我国土壤修复技术领域的拓展和完善具有十分重要的意义。

4.8　技术发展趋势

热脱附技术利用热能直接对污染源进行治理，修复效果好、无反弹，有效解决了低渗性复杂污染场地难治理的难题。但该技术仍需从以下几个方面进一步改进和完善。

（1）降低能耗：热脱附技术主要依靠加热的方式来去除有机污染物，而产热的能耗往往是用来评估该技术的重要指标。国内电和天然气的价格是国外的 4 倍，利用原位热脱附技术修复污染场地所需费用为 1000～2000 元/m^3，节约能耗成为此项技术得以在国内推广的关键。

（2）优化设备：热脱附技术在国内的应用现处于初步阶段，在设备研发和运行管理等方面仍存在一些问题，容易造成修复效果的拖尾，应加强热脱附修复设备优化研究，提高设备运行稳定性，降低设备能耗。

（3）强化尾气治理：当前热脱附尾气治理主要通过活性炭吸附或溶剂吸收，这类尾气处理方法极易造成二次污染，应强化热脱附尾气治理技术研发，促进尾气无害化或资源化利用。

参 考 文 献

傅海辉，黄启飞，朱晓华，等. 2012. 温度和停留时间对十溴联苯醚在污染土壤中热脱附的影响. 环境科学研究，25（9）：981-986.

李翼然. 2016. 热脱附及植物处理罗丹明 B 污染土壤的试验研究. 郑州：郑州大学.

祁志福. 2014. 多氯联苯污染土壤热脱附过程关键影响因素的实验研究及应用. 杭州：浙江大学.

孙磊，蒋新，周健民，等. 2004. 五氯酚污染土壤的热修复初探. 土壤学报，41（3）：462-465.

王瑛，李扬，黄启飞，等. 2012. 温度和停留时间对 DDT 污染土壤热脱附效果的影响. 环境工程，30（1）：116-120.

喻敏英，岑燕峰，任飞龙，等. 2010. 异位修复 VOCs 污染土壤工程实例. 宁波工程学院学报，22（3）：45-48.

赵煜坤，廖海丰，陈一楠，等. 2011. 六六六，滴滴涕污染土壤的微生物修复作用研究. 江苏农业科学，39（2）：463-465.

张峰，张海军，陈吉平，等. 2008. 飞灰中二噁英热脱附行为的研究. 环境科学，2008，29（2）：525-528.

张攀，高彦征，孔火良，等. 2012. 染土壤中硝基苯热脱附研究. 土壤，44（5）：801-806.

Aresta M，Dibenedetto A，Fragale C，et al. 2008. Thermal desorption of polychlorobiphenyls from contaminated soils and their hydrodechlorination using Pd-and Rh-supported catalysts. Chemosphere，70（6）：1052-1058.

Costanza J，Fletcher K E，Löffler F E，et al. 2009. Fate of TCE in heated fort lewis soil. Environmental Science & Technology，43（3）：909-914.

Cunha M R，Lima E C，Cimirro N F G M，et al. 2018. Conversion of eragrostis plana nees leaves to activated carbon by microwave-assisted pyrolysis for the removal of organic emerging contaminants from aqueous solutions. Environmental Science and Pollution Research，25（23）：23315-23327.

Falciglia P P，Giustra M G，Vagliasindi F G A. 2011a. Low-temperature thermal desorption of diesel polluted soil：influence of temperature and soil texture on contaminant removal kinetics. Journal of Hazardous Materials，185（1）：392-400.

Falciglia P P，Giustra M G，Vagliasindi F G A. 2011b. Soil texture affects adsorption capacity and removal efficiency of contaminants in ex situ remediation by thermal desorption of diesel-contaminated soils. Chemistry and Ecology，27（1）：119-130.

Falciglia P P，Malarbi D，Maddalena R，et al. 2017. Remediation of Hg-contaminated marine sediments by simultaneous application of enhancing agents and microwave heating（MWH）. Chemical Engineering Journal，321：1-10.

Farmayan W F，Dicks L W R，Rhodes L A. 1989. Laboratory Thermal desorption studies on RMA basin sediments and contaminated soils. West Hollow Research Center Technical Progress Report RMA：2-89.

Feeney R J，Nicotri P J，Janke D S. 1998. Overview of thermal desorption technology. Foster Wheeler Environmental Corp Lakewood Co.

He F，Gao J，Pierce E，et al. 2015. *In situ* remediation technologies for mercury-contaminated soil. Environmental Science and Pollution Research，22（11）：8124-8147.

He Y L，Zhang Q，Xu D P，et al. 2014. Thermal desorption of mercury from contaminated soil with the addition of $FeCl_3$ as enhancement. Research of Environmental Sciences，27（9）：1074-1079.

Heron G，Van Zutphen M，Christensen T H，et al. 1998. Soil heating for enhanced remediation of chlorinated solvents：a laboratory study on resistive heating and vapor extraction in a silty，low-permeable soil contaminated with trichloroethylene. Environmental Science & Technology，32（10）：1474-1481.

Lee J K，Park D，Kim B U，et al. 1998. Remediation of petroleum-contaminated soils by fluidized thermal desorption. Waste Management，18（6-8）：503-507.

Lighty J S，Silcox G D，Pershing D W，et al. 1989. Fundamental experiments on thermal desorption of contaminants from soils. Environmental Progress，8（1）：57-61.

Liu J，Zhang H，Yao Z，et al. 2019. Thermal desorption of PCBs contaminated soil with calcium hydroxide in a rotary kiln. Chemosphere，220：1041-1046.

Luo H，Wang H，Kong L，et al. 2019. Insights into oil recovery，soil rehabilitation and low temperature behaviors of microwave-assisted petroleum-contaminated soil remediation. Journal of Hazardous Materials，377：341-348.

Meng W，Tian X X，Lin J，et al. 2013. Occurrence characteristics of PAHs in different particle size of soil from a coking plant. Ecology and Environmental Sciences，22（5）：863-869.

Merino J，Bucalá V. 2007. Effect of temperature on the release of hexadecane from soil by thermal treatment. Journal of Hazardous Materials，143（1-2）：455-461.

Qi Z，Chen T，Bai S，et al. 2014. Effect of temperature and particle size on the thermal desorption of PCBs from contaminated soil. Environmental Science and Pollution Research，21（6）：4697-4704.

Risoul V，Renauld V，Trouvé G，et al. 2002. A laboratory pilot study of thermal decontamination of soils polluted by PCBs. Comparison with thermogravimetric analysis. Waste Management，22（1）：61-72.

Rogers J A，Holsen T M，Anderson P R. 2010. Effect of humidity on low temperature thermal desorption of volatile organic compounds from contaminated soil. International Journal of Food Science & Technology，28（2）：153-158.

Truex M J，Gillie J M，Powers J G，et al. 2009. Assessment of in situ thermal treatment for chlorinated organic source zones. Remediation：The Journal of Environmental Cleanup Costs，Technologies & Techniques，19（2）：7-17.

Zhang P，Gao Y Z，Kong H L. 2012. Thermal desorption of nitrobenzene in contaminated soil. Soils，44（5）：801-806.

Zhao C，Dong Y，Feng Y，et al. 2019. Thermal desorption for remediation of contaminated soil：a review. Chemosphere，221：841-855.

Zhao T，Yu Z，Zhang J，et al. 2018. Low-thermal remediation of mercury-contaminated soil and cultivation of treated soil. Environmental Science and Pollution Research，25（24）：24135-24142.

Zhao Z，Li X，Ni M，et al. 2017. Remediation of PCB-contaminated soil using a combination of mechanochemical method and thermal desorption. Environmental Science and Pollution Research，24（12）：11800-11806.

Zhuang X N，Xu D P，Gu Q B . 2014. On the thermal desorption kinetics of HCHs from the soil. Journal of Safety and Environment，14（3）：251-255.

第5章　气相抽提与生物通风修复技术

5.1　技术概述

气相抽提（soil vapor extraction，SVE）技术，是一种通过强化土壤中空气流通速率，促进挥发性有机物从土壤中解吸的修复技术，被美国国家环境保护局列为“革命性技术”，并大力倡导应用。生物通风（bioventing，BV）则是继SVE后又一种“革命性”土壤修复技术，该技术结合了原位气相抽提与生物降解的特点，在气相抽提加快空气流通，提高土壤中氧气含量的同时，利用土壤渗流外加液态营养元素等其他氧源，强化土著微生物对残余有机物的好氧降解，实现有机污染物解吸与生物降解协同修复，亦可视为生物增强式SVE技术。

气相抽提技术最早由美国Terra Vac公司于20世纪80年代初研发并获得专利权，在当时主要用于对石油类污染土壤及地下水的治理，后逐渐推广到其他有机物污染场地，具有较高的有效性和适用性，并逐步发展成为一种经典的环境修复技术。20世纪90年代后SVE发展迅速，到1997年，全美已有27%超级基金场地应用SVE技术（De Vita et al.，1997）。欧洲、澳大利亚、加拿大、日本等地也先后进行了与SVE修复有关的研究和应用。截至2005年，在美国已修复的1104个污染场地中，有248个应用了SVE技术，为国家环境保护局使用率最高的修复技术[①]。21世纪初，SVE技术的研究迈上新台阶，研究人员相继提出了局部相平衡理论（Marley，1985）、非平衡传质模型（Wilkins et al.，1995），开发了利用多因素（多相流动过程、多组分输运、非平衡相间传质及好氧生物降解）相结合的MISER软件，用于模拟现场SVE过程，这些基础理论和软件的发展进一步推动了SVE技术的工程化应用及其运行参数优化。近年来，SVE技术研究主要集中在强化SVE处理效率方面，如热强化（李鹏等，2014）、生物强

① USEPA. Treatment Technologies for Site Cleanup：Annual Status Report（12th）. EPA-542-R-07-012.

化（bioaugmentation）（Ma et al.，2016）和抽提工艺优化（Hinchee et al.，2018）等，以及其强化过程模型理论（Yang et al.，2017）方面等。

生物通风技术始于20世纪80年代初，得克萨斯研究学会（Texas Research Institute）最先认识到土壤通风促进石油污染原位生物降解的价值，发现气相抽提去除的汽油污染物中，生物降解部分占比可达1/3以上。1988年底，美国国家环境保护局在犹他州的空军基地首次应用生物通风技术处理约90t航空燃料油的泄漏污染，修复率达到了85%～90%。美国从1992年开始对生物通风技术开展大量的研究，1992～1994年，美国50个空军基地内的130多个地点应用生物通风技术开展了土壤修复研究。1995年以后，生物通风技术的现场应用更加广泛，目前已经发展成为了土壤修复的经典技术之一。

国内对土壤气相抽提和生物通风技术研究虽然起步较晚，但目前也取得了一些成功案例，相关技术设备已实现国产化。例如在“北京市丰台区槐房路4#地块场地修复工程”中，项目方采用土壤气相抽提技术成功完成了对该场地36.2万m^3土壤中苯的有效去除。杨乐巍等（2016）结合项目特点，开发并采用异位气相抽提技术，成功对北京某地铁沿线土壤中挥发性有机物进行了治理。廖晓勇等（2016）成功研制出一种有机污染土壤的异位生物堆气相抽提/生物通风修复装置，该装置适用于土壤中挥发性有机物浓度较高的场地修复，同时可实现原地异位快速修复和治理。

5.2 技术原理

土壤气相抽提技术采用空气注射或抽提为驱动力，将新鲜空气通过注射井注入污染区域，利用真空泵产生负压，在空气流经污染区域时，土壤孔隙中的挥发性有机物解吸并被夹带于空气流中，经抽提井引至地上处理。被抽提出的气体经过活性炭吸附或生物等处理后达标排放，或重新注入地下循环使用（Heron et al.，1998）。

典型的土壤气相抽提装置包括抽气设备、气体抽排井、布气管道、监测装置、控制装置、抽排尾气处理装置等多个部分，技术原理如图5.1所示。在具体实施过程中，首先要明确地质水文条件、污染物分布范围等因素，在此基础上，对抽排井的分布、形状、深度、口径大小等数据进行计算。在运用SVE技术净化土壤时，通常把抽提井置于污染区中心位置，注射井置于污染区域边缘，旨在使设备产生最大抽气速率，并利用污染物自身的挥发特性，实现污染物和土壤的分离。

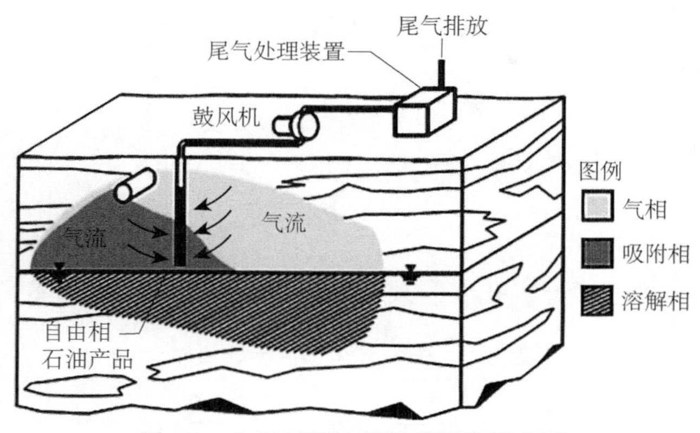

图 5.1　土壤气相抽提技术原理示意图

USEPA. Treatment Technologies for Site Cleanup：Annual Status Report（12th）. EPA-542-R-07-012.

BV 由土壤 SVE 发展而来，通过向土壤中供给空气或氧气，依靠微生物的好氧活动，促进污染物降解；同时利用土壤中的压力梯度促使挥发性有机物及降解产物流向抽气井，被抽提去除。可通过注入热空气、营养液、外源高效降解菌剂的方法对污染物去除效果进行强化。

生物通风系统主要由抽气系统、抽提井、输气系统、营养水分调配系统、注射井、尾气处理系统、在线监测系统等组成，技术原理如图 5.2 所示，在具体实施过程中，也需首先明确地质水文条件、污染物分布范围等因素，在此基础上计算通气井数量、井间距离和供氧速率，在不饱和层安装竖井，同时给微生物提供更多的营养物质，以加速土著微生物的生长，提高代谢速率。

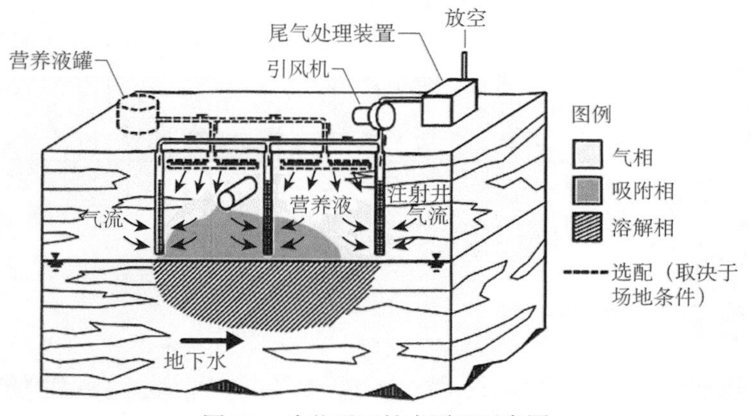

图 5.2　生物通风技术原理示意图

USEPA. Treatment Technologies for Site Cleanup：Annual Status Report（12th）. EPA-542-R-07-012.

5.3 技术适用范围与优缺点

5.3.1 技术适用范围

土壤气相抽提技术主要适用于修复受强挥发性有机物污染的土壤，且要求土壤质地均一、渗透性好、孔隙度大、含水率小，具体适用参数范围见表 5.1。

表 5.1 SVE 技术适用参数条件

类别	项目	一般适用于	一般不适用于
污染物	主要形态	气态或蒸发态	固态或吸附态
	蒸气压（20℃）/Pa	＞1.33×10^4	＜1.33×10^3
	水溶解度/（mg/L）	＜100	＞1000
	亨利常数	＞0.01	＜0.01
土壤	温度/℃	＞20	＜10
	含水率/%	＜10	＞10
	空气传导率/（cm/s）	＞10^{-4}	＜10^{-6}
	组成	均匀	不均一
	地下水深度/m	＞3	＜3

生物通风是一种生物增强式 SVE 技术，该技术可大大降低抽提过程尾气处理的成本，同时拓宽了处理对象的范围，不仅能用于挥发组分，还能用于半挥发组分及重组分有机物，BV 可修复不满足 SVE 修复要求的石油污染低渗透性、高含水率土壤。生物通风与传统的 SVE 技术既有联系又有区别，Dupont（1993）对二者的基本适用情况做了比较，见表 5.2。

表 5.2 传统 SVE 与生物通风基本适用情况比较

参数	传统 SVE	生物通风（BV）
污染物类型	室温下具有挥发性	具有可降解性
蒸气压/mmHg	＞100	—
无因次亨利常数	＞0.01	—
水溶解度/（mg/L）	＜100	—
土壤污染物浓度/（mg/kg）	＞1mg/kg 土壤（1ppm*）	＜1%（1000ppm）
土壤气相渗透系数/（cm/s）	＞1×10^{-4}	＞1×10^{-4}
抽提井位置	污染区域内	污染区域边缘

续表

参数	传统 SVE	生物通风（BV）
单井抽提流量/（L/s）	50～700	5～25
土壤水饱和度优化值	0.25 左右	0.75 左右
营养物优化比例	—	C∶N∶P=100∶10∶1
土壤气相中氧含量	—	>2%
致毒性	—	小或无

*1ppm=10^{-6}。

5.3.2　土壤气相抽提技术优缺点

1. 土壤气相抽提技术优点

土壤气相抽提技术成熟，已经拥有大量的成功应用经验和案例，其优点如下：

（1）操作简单、相对成本较低。处理系统安装简单、对周围干扰小，治理成本为26～78美元/m^3。

（2）修复周期较短。在优化条件下通常6～12个月即可完成修复。

（3）处理效果好，后处理简单。针对绝大多数挥发性有机物在非黏质污染土壤中的治理，其修复效果可达90%以上，在出口处安装气体净化装置，可有效避免二次污染。

（4）易与其他技术组合使用。与热增强技术、生物修复技术等配套使用，可以实现更广的应用范围与更好的修复效果。

2. 土壤气相抽提技术缺点

土壤气相抽提技术受其修复机理及修复方式的限制，存在以下缺点：

（1）对实际污染场地适应性较差，应用范围较小。技术的修复效果受污染物的挥发性、土壤渗透性、土壤的均质性等影响较大。

（2）需对SVE系统中排放的尾气进行处理。处理成本的50%以上来自尾气处理部分。

（3）只能对非饱和区域土壤进行处理。

5.3.3　生物通风技术优缺点

1. 生物通风技术优点

生物通风技术是在土壤气相抽提技术的基础上发展起来的，是SVE与生物修复相结合的产物，具有广泛的应用前景，其技术的优点如下：

（1）操作简单、相对成本较低。处理系统安装简单、对周围干扰小；与SVE相比，生物通风大大降低了尾气的后续处理费用，治理成本为13～27美元/m^3。

（2）应用范围较广。不仅能用于挥发组分，还能用于半挥发组分及重组分有机物，生物通风可修复不满足SVE修复要求的石油污染低渗透性、高含水率土壤。

（3）操作灵活，可以与其他技术联用。例如，给土壤注入纯氧气、添加表面活性剂或添加工程菌等，也可与修复地下水的空气搅拌或生物曝气技术相结合。

（4）环境副作用小。该项技术中为主的微生物处理只是一个自然过程的强化，最终产物是二氧化碳、水和脂肪酸，即使中间产物是污染物，在出口处安装气体净化装置就可以避免二次污染。

2. 生物通风技术缺点

（1）修复周期较长。受污染物的生物可降解性及土著微生物类型等因素影响，其修复周期一般为6～24个月。

（2）修复效果受诸多因素影响。有机污染物的生物可降解性较低、污染物浓度过高、土壤渗透性过低等都会影响生物通风处理效果。

5.4 技术影响因素

根据其修复机理和修复方式，土壤气相抽提和生物通风修复效率往往受到土壤理化性质、污染物特性、抽气速率等因素影响。另外，生物通风效果还会受到土壤微生物等因素限制。

5.4.1 土壤理化性质

土壤理化性质因素如土壤透气率、含水率、氧气含量、温度、pH等都会影响土壤气相抽提和生物通风的处理效果。土壤透气率是表征气体穿过土层难易程度的参数，是影响SVE效能最重要的土壤特性。Wilkins等（1995）对各种土壤进行了综合SVE测试，测量了不同土壤的VOCs抽排速率和土壤气相透气率张量值，对土壤透气率做了定量描述。周友亚等（2010）研究了不同土质对苯污染土壤去污过程的影响，结果表明具有最大孔隙度的土壤修复效果最好。Frank

和 Barkley（1995）、Ding 等（2014）的实践证明，现场可用气压和水压装置改变土壤内部结构，以提高土壤透气率，达到更好的 VOCs 去除效果。土壤含水率也是影响 SVE 修复效果的重要因素。一方面，土壤水分会占据土壤孔隙通道，含水率升高会降低土壤透气率，不利于污染物的挥发；另一方面，水分子极性一般强于 VOCs，更易与土壤的有机质结合，含水率增加会降低土壤微粒对有机物分子的吸附程度，促进挥发过程。Yoon 等（2002）研究了一维条件下，含水率对 SVE 修复过程中 NAPL 相向气相转化的影响，结果表明在土壤含水率为 61%时，液气传质过程受到很大限制，且很快会出现拖尾现象。Qin 等（2010）对两种不同的土壤进行了 SVE 实验，在有机质含量为 0.4%的土壤中，含水率增加会降低氯苯去除率；但在有机质含量为 5.4%的土壤中，氯苯去除率随含水量的增加先增大后减小。

此外，杨金凤等（2009）指出土壤的透气率不但影响水和气体的运移速率，而且影响污染物的传质和扩散，决定着生物降解效率的大小。隋红等（2003a）研究指出土壤必须有足够的渗透性保证土壤中的空气流动，才能为生物降解提供充足的氧气，这是降解挥发性有机物的关键。同样地，刘海华和朱恂（2006）、王春艳等（2009）也指出土壤含水率、温度和 pH 等都会影响微生物的代谢活动和降解过程。土壤含水率过低，微生物得不到充足的水分供应，细胞活性受抑制，而含水率过高，会妨碍氧的传递，不利于好氧生物降解。土壤温度不但直接影响微生物的生长，而且通过改变污染物的物化性质来影响整个生物降解过程。大多数生物修复是在中温条件（20～40℃）下进行的。大多数微生物生存的 pH 范围为 5～9，而一般在中性条件下活性最高。

5.4.2　污染物特性

土壤中污染物的浓度、形态、可生物降解性和挥发性等特性决定了生物通风治理的难易程度。杨金凤等（2009）研究表明当土壤中柴油浓度≤5000mg/kg 时，总石油烃的去除主要是基于扩散迁移和生物降解的共同作用，而污染物浓度过高则会对微生物产生毒性效应，影响处理效果。段云霞等（2004）对土壤中不饱和区甲苯的两种污染形态的去除效果进行了研究，发现甲苯在土壤中以水相和非水相液体存在时，修复时间分别是 220h 和 500h，约有 42%和 20.6%的甲苯是被微生物降解的。若污染物的可生物降解性过低，则微生物不能将其完全降解。而土壤气相抽提技术受污染物挥发性影响最大，低挥发性有机物不宜使用 SVE 修复。

5.4.3 抽气速率

抽气速率对 VOCs 的去除有显著影响。一般增大抽气速率能提高 SVE 修复效率，缩短修复时间，但同时也会增加设备投资和能耗，速率过大还可能导致土壤中的优先流，产生“拖尾”效应。因而在修复工程中，确定 SVE 系统的最佳抽气速率可以大大减少尾气处理量并降低净化成本。

5.4.4 环境温度

加热土壤能增大有机物挥发速率，还可去除许多难挥发性有机物。石油产品中一些易挥发的轻组分，如汽油可用 SVE 很快去除，但一些难挥发的重组分，如柴油、燃料油、煤油以及润滑油等，SVE 的应用就受到严重限制，而通过使土壤温度升高，可在一定程度上促进部分挥发性较低的污染物去除，并提高 SVE 技术的修复效率。如 Giho 等（2005）采用热空气注射-SVE 技术对某柴油污染场地进行了现场中试，系统运行 1 个月后，土壤中 TPH 去除率可达到 95% 以上，修复效率极大提高。

5.4.5 土壤微生物

土壤中挥发性有机污染物的降解，还与微生物的种类、数量等有关，一般来说采用生物修复技术时土著微生物的数量不应低于 10^5CFU/g。土著微生物对本土环境的适应性好，具有较大的降解潜力，但生长速度慢，代谢活性低，在对高浓度挥发性有机物污染的土壤进行修复时，需要接种高效菌。

5.5 技术前沿进展

5.5.1 土壤气相抽提技术前沿进展

SVE 技术在应用过程中经常受到土壤的种类和质地、污染物的挥发性等因素的限制。为了克服这些因素对 SVE 技术应用限制，近年来，SVE 技术研究主要集中在 SVE 强化技术及其强化过程模型模拟理论研究方面，以期提高 SVE 系统的处理效果。目前研究较多的强化方式包括热强化、生物强化和空气喷射及其联合强化方式等。

热强化 SVE 技术主要是通过加热土壤，提高土壤温度的方式来促进有机污染物的去除。采取的主要加热方式包括电阻加热、蒸汽/热空气注射、电磁加热等。李鹏等（2014）采用电阻加热方式强化气相抽提对砂土和壤土中苯的去除效果和作用过程，发现热强化处理作用下气相抽提对砂土和壤土中苯的去除效率分别提高了 13.1%和 12.3%，处理时间分别降低 75%和 14%，指出热强化主要是通过促进苯在土体中扩散来提高去除效率，从而实现在较短时间内污染物质的大量去除。Yu 等（2019）采用混砂和脉冲加热联合方式强化 SVE 对正构烷烃污染粉砂土（低渗透性土壤）的修复，混砂后土壤透气性显著提高，热量和污染物传递加速，实现了土壤的快速修复，正构烷烃的去除率能达到 93.4%，污染物残留量均下降到 10mg/kg 以下。CMG-STARS 软件热动力学模拟结果显示热驱动力是影响污染物迁移的关键因素。

生物强化 SVE 技术（生物通风）主要是通过添加营养物质或注入氧气等方式来强化生物降解过程，尤其可提高对低挥发性有机物的去除。Ma 等（2016）采用 SVE 技术处理钻井废弃物中的 TPH 污染，发现单独 SVE 只能去除 4.7%～23.6%的 TPH，尤其低挥发性的污染物很难去除；后采用生物刺激（biostimulation）（添加尿素和磷酸氢二钾）的方法强化 SVE 修复，发现其可将低挥发性物质降解为更易挥发的污染物而被去除，TPH 总去除率可达 72%。

多技术联合强化往往能取得更好的治理效果。Hinchee 等（2018）在传统 SVE 的基础上通过增加空气流量、干气流吹扫、提高土壤温度、减少渗析等针对性的气相抽提手段，研发出了强化型土壤气相抽提技术（XSVE 技术），可以大大提高有机污染物的去除率。常规 SVE 通常对土壤及地下水中 1,4-二氧六环去除效果较差，而采用 XSVE 后，土壤中 1,4-二氧六环的去除率能达到 94%。同时，Burris 等（2018）也开发了 HypeVent XSVE 软件模型，用于 XSVE 技术可行性评估、设计和参数优化，软件模拟显示，XSVE 技术的性能取决于注入空气的温度和相对湿度，以及初始土壤含水量。

5.5.2 生物通风技术前沿进展

多年来，国内外对生物通风技术研究主要集中在生物通风系统设计、参数优化、强化技术及其理论研究方面，并在多个方面都取得了重要进展，进一步提升了生物通风效能。

生物通风的抽气系统和输气系统往往会耗费大量电能，增加修复成本。Dominguez 等（2012）提出了基于可持续风力的生物通风技术，并将其成功应用于 TPH 污染场地修复中试工程中。研究表明由于场地的昼夜风和季节性风力，天然的空气不断注入，在不需任何能量消耗下，15 个月内生物通风对土壤中 TPH 总去除率达 90%。风力驱动的生物通风技术是一项有巨大前景的可持续修复技术。

在低渗透或非均质性土壤条件下，生物通风过程气相和液相传质会受到很大影响而导致修复效果有限（Nilsson et al，2011）。针对该问题，研究者进行了不同的尝试来强化生物通风效果。Tzovolou 等（2015）研究了生物通风对非均质、低渗透地区包气带中航空煤油污染的修复效果，发现土壤空隙的高度非均质性极大地影响了营养物质和空气的传输，是限制 NAPL 污染物生物降解率低的主要原因。而对场地进行水力压裂，能极大提高天然裂缝系统的互联性和土壤的水平渗透性，有效提高 NAPL 的去除。水力压裂强化生物通风是一种经济有效的原位修复异质性、重污染土壤的方法。Jia 等（2016）设计了一个封闭、强化型的石油污染土壤生物通风修复系统，该系统可降低土壤介质的非均质性对修复效果的影响，同时研究发现调节氮、磷含量能有效增强微生物对原油的矿化作用，通过合理调节水分、温度、含氧量、氮/磷比和培养液等土壤微生态因子，可将土壤中原油的半衰期缩短至 182 天。

在生物通风现场应用中，预测场地修复时间仍然是一个巨大挑战。Xiao（2018）研究了土壤中石油烃老化过程对生物通风降解率的影响，发现湿式老化过程中微生物的驯化是产生影响的关键因素，可增加土著微生物对石油烃的降解率；老化过程还会改变石油烃组分、土壤颗粒的吸附和解吸过程。有研究表明，老化石油烃的土壤比含有新鲜污染物的土壤生物降解时间要长得多，因为含有老化的污染物，特别是石油烃类化合物，会与土壤颗粒形成非常强的化学键，极大限制了石油降解细菌分解污染物（Mosco and Zytner，2017）。总之，老化过程和土壤性质都会影响生物通风修复率，增加修复时间的不确定性。

5.6 技术涉及的模型与装备

自 20 世纪 80 年代起，土壤气相抽提技术和生物通风技术得到迅速发展，被欧美等国家和地区大量应用于石油等挥发性有机污染场地的修复；近年来，国内也进行了比较深入的研究，取得了一些成功的工程案例。目前，土壤气相抽提和生物通风技术应用模型和装备研发方面取得了一定的进展，获得的一批具有自主知识产权或实现产业化应用的模型和装备，部分列表附后（表 5.3 和表 5.4）。

表 5.3 土壤气相抽提和生物通风模拟模型软件

编号	软件名称	适用范围	功能	应用情况	来源
1	BIOVENTING	适用于生物通风过程模拟	原位生物通风系统和地下水曝气系统的模拟和评价	已商用	美国 ES & T 公司
2	BIOVENT	适用于生物通风过程模拟	模拟各种 BV 操作条件对土壤修复效果的影响，为现场 BV 操作提供指导	已商用	由 J. C. Parke 教授基于 BIOVENTING 编写
3	3D-SVE	适用于土壤气相抽提过程 3 维模拟	模拟 SVE 操作过程时空参数变化，优化井气量和预测所需的处理时间	未商用	Nguyen et al.，2013
4	HypeVent XSVE	仅适用于 XSVE 技术过程模拟	XSVE 技术系统的可行性评估、设计和参数优化	中试规模	Burris et al.，2018
5	TMVOC	适合于实际污染场地不同温度条件下的修复过程模拟	模拟系统中三相组分（气-液-NAPL 相）的非等温流动	已商用	美国劳伦斯伯克利国家实验室开发的 TOUGH2 模型子模块（Yang et al.，2017）
6	CMG-STARS	适用于热强化型 SVE 系统的热量传递过程模拟	模拟热强化 SVE 过程中的传热动力学	未商用	加拿大 CMG 公司

表 5.4　土壤气相抽提和生物通风装备

编号	设备名称	适用范围	装备组成	产业化情况	来源
1	典型气相抽提系统	适用于土壤中挥发性有机物污染场地修复	抽气设备、气体抽排井、布气管道、监测装置、控制装置、抽排尾气处理装置	相关配套设施已能够成套化生产	目前已被发达国家广泛应用于土壤及地下水修复领域的实际工程中
2	典型生物通风系统	适用于处理具有挥发性、半挥发性等可生物降解的有机污染物	风机、真空泵，空气注射井、抽提井，布气管道、营养物质或菌剂添加装置，监测与控制装置，尾气处理装置	相关配套设施已能够成套化生产	目前已被发达国家广泛应用于土壤及地下水修复领域的实际工程中
3	气相抽提一体式模块化智能设备	适用于处理挥发性和半挥发性有机物污染场地	土壤废气收集处理，液体分离与收集，自动控制系统，无间歇连续运行，单套设备的抽提气量为200～2000m^3/h，单套设备的抽提井数量为100～300口	相关配套设施已能够成套化生产	专利：气相抽提一体式模块化智能设备的集装箱式结构（CN201710455392.4）
4	极限气相抽提系统（XSVE）	适用于处理挥发性和半挥发性有机物污染场地	在传统SVE系统的基础上通过增加空气流量、干气流吹扫、提高土壤温度、减少渗析，以及更具针对性的气相抽提等手段，可以大大提高了有机污染物的去除率并缩短修复周期	相关配套设施已能够成套化生产	美国IST公司（Hinchee et al.，2018）
5	一种有机污染土壤的异位生物堆气相抽提/生物通风修复装置	适用于土壤中挥发性有机物浓度较高的场地修复	生物堆、通气模块、污染物监测模块、尾气处理模块、滴灌模块、渗滤液收集模块和供电控制系统	未商用	专利：一种有机污染土壤的异位生物堆气相抽提/生物通风修复装置和方法（ZL201510813468.7）

5.7 技术案例

SVE作为一种成熟的VOCs污染治理技术，大量场地修复案例证明其对石油类污染土壤及地下水的治理适用性广泛且效果良好。在美国，SVE技术作为最常用的污染源处理技术占相关污染源控制项目的25%①。近几年，土壤气相抽提技术在我国挥发性有机污染场地治理中也得到较为广泛的应用。而生物通风技术作为土壤气相抽提技术的生物型强化技术，在成本控制方面更具优势，尤其在汽油、燃料油、煤油和柴油等成品油污染的场地修复方面取得了可观的成效。本节通过两个技术案例分别对BV和SVE技术应用情况加以说明。

5.7.1 美国犹他州空军基地项目

1. 场地概况

1988年底，美国犹他州空军基地因航空发动机燃油泄漏，泄漏量达90t，造成0.4hm^2、深度达15m的土壤受到污染，土壤中燃油相关污染物浓度最高可达5000mg/kg。

2. 技术工艺

针对存在于地下及地表的航空燃料油污染，项目采用生物通风技术进行修复。因此采用原位气相抽提技术对该场地土壤进行修复。生物通风系统主要由抽气系统、抽提井、输气系统、营养水分调配系统、注射井、尾气处理系统等组成。在污染土壤中设置注射井及抽提井，安装鼓风机/真空泵，将空气从注射井注入土壤中，从抽提井抽出。大部分低沸点、易挥发的有机物直接随空气一起抽出，而高沸点、不易挥发的有机物在微生物的作用下，可以被分解为CO_2和H_2O。在抽提过程中注入的空气及营养物质有助于提高微生物活性，降解不易挥发的有机污染物。

3. 效果评估

项目整个实施周期历时9个月，共去除62.6t燃油污染物，其中生物降解率

① USEPA. Treatment Technologies for Site Cleanup：Annual Status Report（12th）. EPA-542-R-07-012.

达 85%～90%，石油烃类污染物降低到 3.89mg/kg，共修复污染土壤达 3 万 m^3，处理成本为 13～27 美元/m^3。

4. 评价总结

该项目为生物通风技术早期应用典型案例，证明了生物通风技术在石油烃类污染场地的修复效果与优势。此后，生物通风技术在国外应用更加广泛。

5.7.2 北京市丰台区槐房路4#地块修复工程

1. 场地概况

“北京市丰台区槐房路 4#地块”位于北京市丰台区南四环外公益东桥南 750m，总面积 94051.24m^2（图 5.3）。该区域原为北京路新大成沥青混凝土有限公司厂址，2014 年停产，作为居住用地开发建设。场地调查结果显示，该场地土壤、地下水中存在严重的苯系物污染问题，土壤中苯浓度为 1.36mg/kg。该场地所需修复土方量约为 36.2 万 m^3，修复深度约 18m，修复目标为土壤中苯浓度低于 0.64mg/kg。土壤修复总投资 2.86 亿元。

案例信息来源：《土壤污染防治先进技术装备目录》典型应用案例。

图 5.3　北京市丰台区槐房路 4#地块

2. 技术工艺

该项目土壤中主要污染物为极易挥发的苯，因此采用原位气相抽提技术对该场地土壤进行修复。主要工艺流程为：①依据污染物浓度划分 3 组不同深度抽气井群；②输气管道由各支管路和总输气管路组成，总管路上设置电动阀门，可以实现分层切换抽提和并行抽提；③抽气系统为负压抽提组合装置，为整个系统装置的预处理装置，由气水分离器、负压风机和其他辅助设备组成；④尾气处理装置是整套系统的核心部位，为处理挥发性有机的主体装置，由缓冲箱体、空气冷却器、活性炭吸附箱、催化净化装置、脱附风机、主排风机、补冷风机、吸附管道、脱附管道、主排管道和其他辅助设备组成；⑤经尾气处理装置净化后尾气通过排气筒达标排放。原位气相抽提技术修复现场如图 5.4 所示。

图 5.4　原位气相抽提技术修复现场

3. 效果评估

该项目从 2016 年 9 月～2017 年 4 月，历时 7 个月，土壤中苯浓度检出的样品数由修复前的 105 个减少为修复后的 38 个，检出率由 26.5%降低至 5.9%；土壤中苯浓度由 1.36mg/kg 降至 0.13mg/kg，低于修复目标值 0.64mg/kg，平均处理效率为 87.4%。修复成本约为 790 元/m^3。

4. 评价总结

该项目采用原位气相抽提技术对北京市丰台区槐房路 4#地块场地进行修复，修复周期较短，修复效果理想，修复过程中对二次污染防治到位，是我国原位抽提技术修复苯等易挥发性有机物污染场地的典型案例。

5.8　技术发展趋势

土壤气相抽提技术具有操作灵活、净化效率较高、治理费用低、二次污染小等特点，特别在石油类等挥发性有机污染场地修复方面一直占有很大优势。多年来，国内外在土壤气相抽提技术的影响因素、模型模拟和过程强化等基础研究和工程应用方面都取得了巨大突破，技术十分成熟，在国外被作为标准性技术推广用于治理石油类污染场地土壤及地下水，在场地污染土壤修复市场中占有很大比例，但进一步发展空间有限，后续研究主要侧重于研发强化气相抽提技术与装备。生物通风作为土壤气相抽提的生物型强化技术，在成本控制和应用范围方面更具优势，尤其在汽油、燃料油和柴油等成品油污染的场地修复方面取得了巨大成功，在欧美等国家和地区得到广泛应用。但目前国内还缺乏实际工程经验和案例。因此，还需要加快生物通风技术与装备国产化研究。

参考文献

段云霞，韩振为，隋红，等. 2004. 生物通风技术中微生物对污染物甲苯二种形式降解的对比研究. 农业环境科学学报，23（3）：475-478.

李金惠，聂永丰，马海斌，等. 2002. 油污染土壤气体抽排去污模型及影响因素. 环境科学，23（1）：93-96.

李鹏，廖晓勇，阎秀兰，等. 2014. 热强化气相抽提对不同质地土壤中苯去除的影响. 环境科学，35（10）：3888-3895.

廖晓勇，阎秀兰，马栋. 2016. 一种有机污染土壤的异位生物堆气相抽提/生物通风修复装置和方法. 北京：ZL201510813468.7.

刘海华，朱恂. 2006. 柴油污染土壤原位生物修复实验研究. 环境科学与管理，31（6）：17-20.

刘沙沙，陈志良，刘波，等. 2013. 土壤气相抽提技术修复柴油污染场地示范研究. 水土保持学报，27（1）：172-181.

刘沙沙，董家华，陈志良，等. 2012. 生物通风技术修复挥发性有机污染土壤研究进展. 环境科学与管理，37（7）：100-105.

隋红，茹旭，黄国强，等. 2003b. 土壤石油污染物生物通风修复的研究进展. 生态环境，12（2）：216-219.

隋红，徐世民，李鑫钢，等. 2003a. 生物通风技术去除土壤中甲苯. 化工进展，22（10）：1112-1114.

王春艳，陈鸿汉，杨金凤，等. 2009. 强化生物通风修复柴油污染土壤影响因素的正交实验. 农业环境科学学报，28（7）：1422-1426.

王喜，陈鸿汗，刘菲，等. 2009. 依据挥发性污染物浓度变化划分土壤气相抽提过程的研究.

农业环境科学学报，28（5）：903-907.

杨金凤，陈鸿汉，王春艳，等. 2009. 强化生物通风修复过程中柴油衰减规律及其影响因素研究. 环境工程学报，3（8）：1488-1492.

杨金凤. 2009. 生物通风修复柴油污染土壤实验及柴油降解菌的降解性能研究. 北京：中国地质大学.

杨乐巍，张晓斌，郭丽莉，等. 2016. 异位土壤气相抽提修复技术在北京某地铁修复工程中的应用实例. 环境工程，34（5）：170-172.

周友亚，贺晓珍，李发生，等. 2010. 气相抽提去除红壤中挥发性有机污染物的去污机理探讨. 环境化学，29（1）：39-43.

Albergaria J T，Alvim F M，Delerue M C. 2008. Soil vapor extraction in sandy soils：influence of airflow rate. Chemosphere，73（9）：1557-1561.

Burris D R，Johnson P C，Hinchee R E，et al. 2018. 1,4－dioxane soilremediation using enhanced soil vapor extraction（XSVE）：Ⅱ. modeling. Groundwater Monitoring & Remediation，38（2）：49-56.

De Vita J L，Annable M D，Wise W R. 1997. Soil vapor extraction //Freeman H M. Standard Book of Hazardous Waste and Disposal. 2nd ed. New York：MC Graw-Hill.

Ding Y，Schuring J R，Chan P C. 2014. Volatile contaminant extraction enhanced by pneumatic fracturing. American Society of Civil Engineers，3（2）：69-76.

Dominguez R C，Leu J，Bettahar M. 2012. Sustainable wind-driven bioventing at a petroleum hydrocarbon-impacted site. Remediation Journal，22（3）：65-78.

Downey D C，Guest P R，Ratz J W. 1995. Results of a two-year in situ-bioventing demonstration. Environmental Progress，14（2）：121-125.

Dupont R R. 1993. fundermentals of Bioventing applied to fuel contaminated sites. Environmental Progress，（12）：45-53.

Frank U，Barkley N. 1995. Remediation of low permeability subsurface formations by fracturing enhancement of soil vapor extraction. Journal of Hazardous Materials，40（2）：191-201.

Giho P，Hang S S，Seok O K. 2005. A laboratory and pilot study of thermally enhanced soil vapor extraction method for the removal of semi-volatile organic contaminants. Journal of Environmental Science and Health.Part A：Toxic / Hazardous Substances and Environmental Engineering，40（4）：881-897.

Heron G，Zutphen M V，Christensen T H，et al. 1998. Soil heating for enhanced remediation of chlorinated solvents：a laboratory study on resistive heating and vapor extraction in a silty，low-permeable soil contaminated with trichloroethylene. Environment，Science，Technology，32（10）：1474-1481.

Hincee R E，Downey D C，Dupont R R. 1991. Enhanced biodegradation of petroleum hydrocarbons through soil venting. Journal of Hazardous Materials，27（3）：315-325.

Hinchee R E，Dahlen P R，Johnson P C，et al. 2018. 1,4-dioxane soil remediation using enhanced soil vapor extraction：I. field demonstration. Groundwater Monitoring & Remediation，38（2）：40-48.

Jia J，Zhao S，Hu L，et al. 2016. removal efficiency and the mineralization mechanism during enhanced bioventing remediation of oilcontaminated soils. Polish Journal of Environmental Studies，25（5）：215-231.

Ma J，Yang Y，Dai X，et al. 2016. Bioremediation enhances the pollutant removal efficiency of soil vapor extraction（SVE）in treating petroleum drilling Waste. Water，Air，& Soil Pollution，227（12）：465.

Marley M C. 1985. Quantitative and Qualitative Analysis of Gasoline Fractions Stripped Air for the Unsaturated Soil Zone. Storrs：University of Connecticut.

Mosco M J，Zytner R G . 2017. Large-scale bioventing degradation rates of petroleum hydrocarbons and determination of scale-up factors. Bioremediation Journal，21（3-4）：149-162.

Nguyen V T，Zhao L，Zytner R G. 2013. Three-dimensional numerical model for soil vapor extraction. Journal of Contaminant Hydrology，147：82-95.

Nilsson B，Tzovolou D，Jeczalik M，et al. 2011. Combining steam injection with hydraulic fracturing for the in situ remediation of the unsaturated zone of a fractured soil polluted by jet fuel. Journal of Environmental Management，92（3）：695-707.

Qin C，Zhao Y，Zheng W，et al. 2010. Study on influencing factors on removal of chlorobenzene from unsaturated zone by soil vapor extraction. Journal of Hazardous Materials，176（1/3）：294-299.

Texas Research Institute. 1984. Laboratory Scale Gasoline Spill and Venting Experiment. American Petroleum Institute：Interim Report No.7743-5.

Texas Research Institute. 1989. Laboratory Scale Gasoline Spill and Venting Experiment. American Petroleum Institute：Final Report No. 82101-F：TAV.

Tzovolou D N，Theodoropoulou M A，Blanchet D，et al. 2015. In situ bioventing of the vadose zone of multi-scale heterogeneous soils. Environmental Earth Sciences，74（6）：4907-4925.

Wilkins M D，Abriloa L M，Pennell K D. 1995. An experimental investigation of rate-limited nonaqueous phase liquid volatilization in unsaturated porous media：Steady state mass transfer. Water Resources Reseach，31（9）：2159-2172.

Xiao M. 2018. The Effect of Age on Petroleum Hydrocarbon Contaminants in Soil for Bioventing Remediation. Guelph：School of Engimering，University of Guelph.

Yang Y，Li J，Xi B，et al. 2017. Modeling BTEX migration with soil vapor extraction remediation under low-temperature conditions. Journal of Environmental Management，203（Pt 1）：114-122.

Yoon H，Kim J H，Liljestrand H M. 2002. Effect of water content on transient nonequilibrium NAPL-gas mass transfer during soil vapor extraction. Journal of Contaminant Hydrology，54（1）：1-18.

Yu Y，Liu L，Yang C，et al. 2019. Removal kinetics of petroleum hydrocarbons from low-permeable soil by sand mixing and thermal enhancement of soil vapor extraction. Chemosphere，236：124319.

第6章　固化/稳定化修复技术

6.1　技 术 概 述

固化/稳定化（solidification / stabilization，S/S）技术是指运用物理或化学的方法将土壤中的污染物固定起来或者将污染物转化成化学性质不活泼的形态，阻止其在土壤环境中迁移、扩散等过程，从而降低污染物的毒害程度的修复技术（Bruemmer et al.，1988）。

固化/稳定化技术的起源可以追溯到 20 世纪 50 年代，最早用于放射性废弃物的固化处置。1976 年，美国政府通过的《资源保护和恢复法案》有效促进了危险废弃物固化/稳定化技术的发展。1982 年美国国家环境保护局官方文件中首次出现了“固化/稳定化技术”这一技术名词（Conner and Hoeffner，1998），当时主流的稳定剂为水泥、石灰、火山灰、沥青、聚烯烃等，主要用于危险废弃物的处理（Wiles，1987）。20 世纪 80 年代，随着土壤污染问题凸显，固化/稳定化技术逐渐被应用于土壤、污泥等污染修复领域，黏土矿物、工业副产品、有机肥、微生物等廉价、高效的固化剂/稳定剂材料也逐渐受到关注（Malviya and Chaudhary，2006；王立群等，2009）。20 世纪 90 年代，固化/稳定化技术日渐成熟，在美国“超级基金计划”项目的支持下，使用固化/稳定化技术修复的污染场地数量迅速上升，1992 年到达顶峰（张长波等，2009）。

与欧美等地区相比，我国的土壤固化/稳定化技术起步较晚。近年来，我国已开展了污染土壤和底泥固化/稳定化技术的研究和应用示范，随着污染土壤修复和河湖治理工作的推进，修复工程将不断增加，固化/稳定化技术势必会在今后的土壤修复工程中被广泛采用。

6.2 技术原理

固化/稳定化技术包含固化技术和稳定化技术。其中土壤固化技术主要通过土壤与一种或多种S/S材料的机械混合实现，通过吸附、拦截等作用将污染物控制在颗粒固化体内，降低污染物在土壤环境中的迁移性，进而降低其环境风险。稳定化技术是从污染物的有效性出发，通过吸附、沉淀或共沉淀、离子交换等作用改变污染物在土壤中的存在形态，将污染物转化为不易溶解、迁移能力低或毒性更小的污染物，以降低其溶解迁移性、浸出毒性和生物有效性（Dubbin，1994；Dubbin and Goh，1995；Conner and Hoffner，1998）。其技术原理图如图6.1所示。虽然固化和稳定化的定义有所不同，但是S/S材料通常能够同时起到固定和稳定污染物的作用，因此两种技术合二为一统称为S/S技术。根据在污染土壤修复中的应用方式，该技术可以分为原位固化/稳定化技术和异位固化/稳定化技术（Hartley and Lepp，2008）。

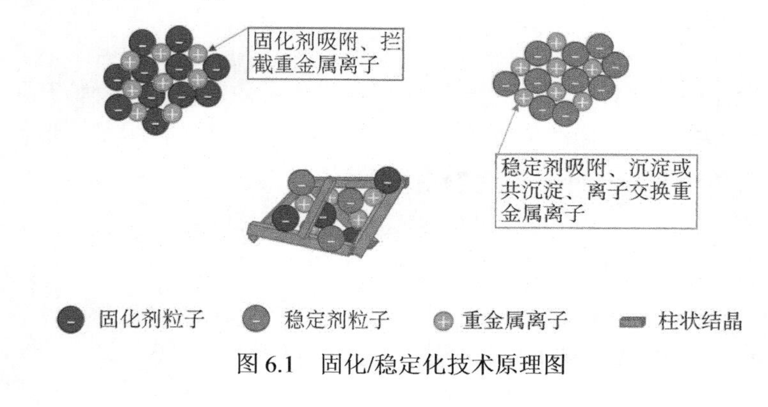

图6.1 固化/稳定化技术原理图

6.3 技术适用范围与优缺点

土壤固化/稳定化技术的本质是削减污染物的有效态含量，降低其生态毒性和在环境中的移动性。该技术具备诸多优点，能够用于土壤的原位和异位修复，在污染土壤修复领域得到了广泛的应用。但是固化/稳定化技术也存在很多缺点，在一定程度上限制了其应用和发展。

6.3.1 适用范围

土壤固化/稳定化技术可用于包括无机、有机及复合污染物等多种污染物污染的固相介质的修复，但目前为止，该技术在修复受无机污染物污染的应用更普遍，适用含重金属的底泥、城市生活垃圾焚烧飞灰、重金属开采场地、污灌区等（主要重金属砷、镉、铬、铜、铅、汞、镍、硒、锑、铀、锌等）等污染介质、场地等的修复（Zacco et al.，2014）；此外，固化/稳定化技术在修复受有机物污染的场地上也有一定的应用，涉及有机污染物主要有杀虫剂、除草剂、石油、多环芳烃、挥发性有机物、多氯联苯和二噁英/呋喃等。

通常情况下，一个污染场地内可含有多种污染物，多种污染物的存在可能会影响土壤固化/稳定化技术的应用有效性，需要对场地土壤类型性质和污染物种类等进行甄别分析，采用适合的方法施用合理有效的固化/稳定化试剂，对污染场地进行修复。

6.3.2 技术优点

土壤固化/稳定化技术的本质是削减污染物的有效态含量，降低其生态毒性和在环境中的移动性，能够用于土壤的原位和异位修复，在污染土壤修复领域得到了广泛的应用。土壤固化/稳定化技术具有诸多优点，具体如下。

（1）应用范围广、修复周期短：固化/稳定化技术可用于无机、有机污染及复合污染场地等多类型的场地，且见效快，平均周期为1～6个月，在相对较短的一段时间达到修复目标。

（2）修复过程简单、易操作：在修复过程中仅涉及固化剂、稳定剂与土壤的混合，使用的混合工具简单、易操作。

（3）修复成本低：水泥、粉煤灰、石灰是常用的固化剂/稳定化剂，具有材料来源丰富且价廉易得、能量消耗低、设备工艺简单、处理成本低等特点[①]。

（4）固化产物强度高，可资源化利用：部分固化后的产物稳定性强，结构强度高，固化/稳定化后的土壤可作为路基填土等，为实现土壤的资源化利用提供了可能（Hartley and Lepp，2008）。

---

① USEPA. 2009. Technology performance review：selecting and using solidification/stabilization treatment for site remediation. Office of Research and Development，EPA 600-R-09-148.

6.3.3 技术缺点

土壤固化/稳定化技术的本质是削减污染物的有效态含量，降低其生态毒性和在环境中的移动性，但是不能削减污染物总量，不能破坏或移除污染物，在应用过程中存在一定风险。土壤固化/稳定化技术的缺点如下。

（1）长期有效性受到质疑：固化/稳定化技术不能削减污染物总量，不能破坏或移除污染物，仅是限制污染物对环境的有效性，被固定污染物可能重新释放，对环境造成危害，长期有效性受到质疑，需要进行长期监管（Malviya and Chaudhary，2006；Manning et al.，1998）。

（2）修复场地受限：重金属污染场地应用较多，但是大部分挥发性的有机污染物场地不适用（Li et al.，2001）。

（3）土壤碱化问题严重：部分固化剂/稳定化投加后会导致土壤碱化问题，将影响修复后土壤的再利用，如使用 5%石灰、水泥等固定剂带来的碱化问题会导致土壤 pH 大于 12。

（4）生态环境受到破坏：修复过程中大量的固化剂、稳定剂的加入，机械设备的强力搅拌等措施对原有的生态环境造成严重破坏，处理后的土壤体积增大，增加了填埋的压力，且原位固化/稳定化技术会对地下水流动等场地特征造成永久性的改变。

6.4 技术影响因素

固化/稳定化技术修复污染场地是一种高效的污染土壤修复技术，该技术适用的污染物种类广泛，主要包括重金属和有机污染物。固化/稳定化技术有异位和原位两种操作方式，所采取的设备类型因操作方式不同存在差异。修复过程受多种因素影响，具体如下所述。

6.4.1 土壤 pH

土壤 pH 是影响重金属有效性和形态分布的重要因素，固化/稳定化材料的投入使土壤的 pH 升高，土壤的吸附能力增强，吸附重金属的铁锰氧化物、有机质等载体与重金属结合得更加牢固，从而降低了重金属的迁移（王金恒等，

2018）。

6.4.2 土壤有机质含量

随着有机质含量的增加，土壤自身对重金属的吸附率呈增长趋势，固化/稳定化率不断提高。例如，壤中的有机质（腐殖酸）可以提供Cr（Ⅵ）被还原为Cr（Ⅲ）所需的电子，且土壤有机质含量越高，对Cr（Ⅲ）的吸附能力也就越强（田雷，2017）。

6.4.3 土壤含水率和温度

含水率、温度等环境因素对固化/稳定化的效果都有影响，含水率或温度增加均会使得固化/稳定化效果降低。李东旭等（2009）对水养护条件下28天龄期的磷酸镁水泥测试强度，发现其强度较自然养护条件试样降低44.2%；Chen等（2009）指出不同温度下水泥固化稳定重金属污染土的强度会受到影响，且强度随温度的变化是线性相关的，固化稳定过程中重金属的活性也会受到影响。

6.4.4 土壤机械组成

土壤是由黏土矿物、有机质和铁铝锰等氧化物等组成的多相混合体，能够通过吸附、络合、沉淀等多种作用与砷元素反应，使砷的赋存形态也表现出明显的差异。土壤中Fe、Al、Mn等氧化物、黏土矿物等固相颗粒对砷元素均具有较强的吸附或结合能力（Matera et al.，2003；Kumpiene et al.，2008）。土壤质地或粒径大小对As在土壤中的分布和生物有效性有显著影响（Baveye et al.，2003）。土壤黏粒含量越高，其吸附砷的能力越强。土壤粒径越小土壤的表面积越大，吸附位点越多，因此对砷酸根阴离子的吸附能力越大（Lombi et al.，2000）。

6.4.5 共存离子

土壤中存在的竞争离子（硫酸盐、磷酸盐、碳酸盐）会影响土壤矿物对砷的吸附，如土壤中磷酸盐和砷酸盐的物理化学行为相似，但是磷酸盐更容易吸附到土壤颗粒和有机质表面，PO_4^{3-}同AsO_4^{3-}竞争吸附位点，抑制土壤对砷的吸附，增加可溶态砷的量，增加 As 向土壤深处迁移和污染地下水的风险（Miretzky and Fernandez，2010）。Appelo 等（2002）的研究认为，溶解的碳酸盐能够替代吸附在无定形铁氧化物上的砷，导致砷吸附量下降，且对 As（Ⅲ）的影响要大于 As（Ⅴ）。

6.5　技术前沿进展

自 20 世纪 90 年代中期固化/稳定化技术成熟以来，该技术的技术流程基本固定，近年来主要的创新集中在药剂的开发方面。费杨等（2018）研发新型铁锰双金属土壤稳定化修复材料对 Pb、As、Cd、Zn、Cu 复合污染土壤有很好的固定作用，新型 Nano-Fe_2O_3 材料对土壤中 As 的稳定度高达 90%。近年来广泛推广磷酸盐类稳定剂，包含可溶性的磷酸盐，难溶性的羟基磷灰石、磷矿石、骨炭等，磷元素是生物体必要元素之一，向土壤中使用含磷材料，可以提高土体肥力，促进植物微生物等的营养供给，不会造成土壤碱化，是环境友好的材料（Keppert et al.，2018；Mc Gowan et al.，2001）。生物炭稳定剂具有大的比表面积、高孔隙度等特点，可以通过提高 pH、吸附、沉淀、络合、离子交换等途径降低土壤中污染物的移动性和生物有效性，利用农业废弃秸秆制备生物炭，可使废弃秸秆得到资源化利用（Wang et al.，2018）。

6.6　技术涉及的产品及装备

土壤固化/稳定化修复材料是影响固化/稳定化效果的主导因素。固化/稳定化材料通常分为黏结剂材料和添加剂材料。黏结剂材料主要包括水泥类和火山灰类材料（粉煤灰、炉渣等），能够将污染物固化在固化体内部；添加剂材料包括活性炭、碳酸盐、混凝土添加剂（缓凝剂、防水剂等）、铁铝化合物等，能够进一步提高固化/稳定化技术对污染物的固化和稳定化效果。固化/稳定化剂和相关设备详见表 6.1 和表 6.2。

表 6.1 修复土壤重金属污染的常用固化剂/稳定剂

编号	产品名称	有效成分	适用范围	功能功效	产业化情况	来源
1	DGB-01	硅酸盐	重金属污染场地	水泥与重金属污染物形成不溶性氢氧化物、碳酸盐和硅酸盐，降低污染物的流动性；水泥能够形成一个固化封装体，达到固化污染物的目的	产业化	河南・德固邦
2	A10	$CaCO_3$、CaO	重金属污染场地	提高土壤的 pH，增加土壤表面可变负电荷，增强吸附；形成金属碳酸盐沉淀	产业化	江西・新余
3	yh-dsz	$CaCO_3$	重金属污染场地	比表面积较大且表面富集阴离子，重金属离子具有良好的吸附特性；增大土体强度	产业化	河南・元亨
4	130-66-5	可溶性的磷酸盐，难溶性的羟基磷灰石、磷矿石、骨炭等	Cd、Pb、Cu、Zn 等重金属污染场地	诱导重金属吸附、重金属生成沉淀或矿物、表面吸附重金属	产业化	西安・瑞林
5	1309-33-7	Fe_2O_3、Fe_3O_4、Fe_2SO_4、氢氧化铁和羟基氧化铁、零价铁、含铁工业副产品等	As 污染场地	诱导砷吸附或生成沉淀，是一种良好的砷稳定化修复材料	产业化	上海・试多多
6	LH-S	$Na_2S_2O_3$、Na_2S	重金属污染场地	对重金属污染物起到物理吸附以及化学稳定的综合效果，主要使土壤中的重金属生成硫化物沉淀	产业化	兰州・连华
7	作物秸秆热解生物炭	用农业废弃物如秸秆制备	Zn、Cd、Pb 等重金属污染场地	大的比表面积、高孔隙度等特点，其可以通过提高 pH、吸附、沉淀、络合、离子交换等途径降低土壤中污染物的移动性和生物有效性	产业化	南京・智融联 ZL200920232191.9
8	1313-13-9	Mn、Al 氧化物（或氢氧化物）	重金属污染场地	锰、铝氧化物可吸附重金属离子，使其活性降低；通过表面络合及表面沉淀机制形成氢氧化物沉淀	产业化	南宫・盈泰
9	F300	腐殖酸等	重金属污染场地	形成腐殖酸-金属离子络合（螯合）物，降低重金属的生物有效性；二价金属离子可与腐殖酸产生凝结作用；土壤处于还原状态，可能形成 CdS、PbS 等沉淀，降低重金属离子的活性	产业化	大连・IRIS

续表

编号	产品名称	有效成分	适用范围	功能功效	产业化情况	来源
10	天然矿物原料	骨炭、沸石、赤泥	Cr、Pb、Zn、Cu、Hg等重金属污染场地	离子交换吸附降低土壤中重金属的生物有效性	—	ZL 201110312397.4
11	热固性塑料：脲醛树脂、聚酯、聚丁二烯、酚醛树脂、环氧树脂等	有机大分子化合物/聚合物	重金属污染场地	加热后将污染物包裹起来，冷却后成型在常下形成坚硬的固体	—	ZL 201610315438.8
12	热塑性材料：沥青、聚乙烯、聚氯乙烯、聚丙烯、石蜡等	有机大分子化合物/聚合物	重金属污染场地	加热后将污染物包裹起来，冷却后成型在常温下形成坚硬的固体	—	ZL 201680061868.X
13	纳米材料	零价金属材料、碳质纳米材料、金属氧化物、纳米型矿物等	Zn、Cd、Pb等重金属污染场地	吸附、还原和氧化污染土壤中的重金属离子	—	ZL 201610613273.2
14	有机肥（农家肥、绿肥、草炭等）	各种动植物残体和代谢物组成	Cd、Zn等重金属污染场地	胡敏酸或胡敏素络合污染土壤中的重金属离子成难溶的络合物	—	WO2013EP65733 20130725

表6.2 固化/稳定化设备

编号	设备名称	适用范围	设备参数	产业化情况	来源
1	压力输料罐车 ALLU PF 7+7	适用于较大深度的原位S/S过程，处理深度能够达到30m，有效直径为0.6～1.8m	压缩机工作压力800Kp，发动机74.5kW，压缩器输出$6.5m^3/min$，输料罐$7m^3$/个	产业化	Finland·ALLU
2	搅拌与注料一体化设备 ALLU-PMX HD 500	强力搅拌设备能够处理的土壤深度最大为7m	功率160 kW，液压25～35MPa，液体流量200～300L/min，输送管道直径80mm	产业化	Finland·ALLU
3	筛分铲斗 ALLU DH3-23	处理废弃材料、堆肥、表层土壤、管道细土回填	筛分格栅可分为16/32mm、25/50mm和35mm，处理能力$20m^3/h$	产业化	Finland·ALLU
4	旋转搅拌机	适用于0.2～0.3m的浅层污染土表层	叶轮轮速300～900 r/min，电机功率5～15 kW	产业化	ZL 201020155219.6
5	药剂撒播机	适用于固态药剂的表面施撒	装载：10t，撒施宽度：4～6m	产业化	ZL 201220381360.7

6.7 技术案例

自20世纪80年代，土壤固化/稳定化技术逐步应用在污染土壤修复项目中，美国的应用案例较多。与美国相比，中国的污染土壤修复业务起步较晚，但是固化/稳定化技术也已成为重金属污染土壤修复主流技术之一。

6.7.1 固化稳定化技术处理美国加利福尼亚州SBMM矿场硫化矿废料中的汞

1. 场地概述

SBMM矿场在1865～1868年主要开采硫黄，从1899～1957年从露天矿井中开采汞矿石（Engle et al.，2008），从20世纪20年代末开始，大规模使用重型土方设备，加剧了采矿活动对环境的影响，各种采矿活动在克利尔湖生态系统中沉积了大量的汞，采矿遗留的汞矿中浓度312～1360mg/kg，废石中浓度130～447mg/kg。SBMM矿场场地位置如图6.2所示。修复SBMM矿场废石堆的总运行费用估算为3569万美元，其中药剂费占比最高，为2670万美元，占总费用的68%，平均每吨受试材料处理单价为16.6美元。

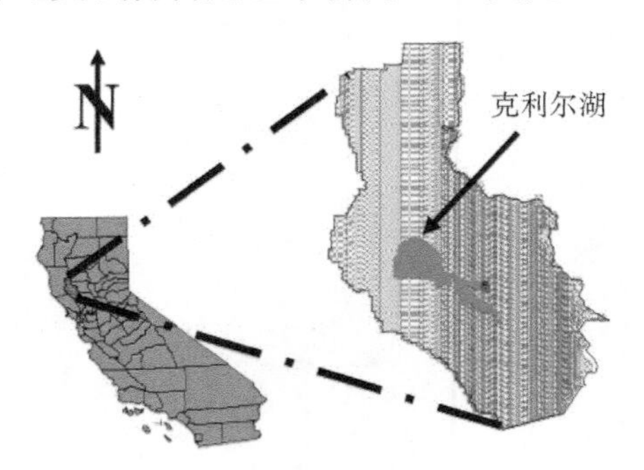

图6.2 SBMM矿场场地位置（USEPA，2015）

2. 技术工艺

美国KEECO公司开发的二氧化硅微封装工艺，将重金属封闭在不渗透硅石基质微观结构中，以此消除对人体健康和环境安全的不利影响，该工艺经调整后可原址异位实施，将药剂与受试材料在邻近的场内设施中混合后原场地进行替换和压缩。修复过程如图6.3所示。

图 6.3 SBMM 场地修复过程图（USEPA，2004）

3. 效果评估

经过 2000 年 10 月～2001 年 4 月的二氧化硅微封装工艺修复，无论是在异位还是原位处理中均有效降低了移动态汞（＜25μm）水平，与控制柱相比，原位处理工艺的汞浸出率降低了 88%，异位处理工艺的汞浸出率降低了 86%。与控制柱相比，无论是原位还是异位处理工艺，均使得颗粒态的汞含量减少了 99%，但溶解组分中（＜0.45μm）汞的质量显著增加：与控制柱相比，原位处理增加了 198%，异位处理增加了 238%。二氧化硅微封装工艺处理每吨废石和尾矿的处理单价为 16.6 美元，修复 SBMM 废石堆的总运行费用估算为 3569 万美元。

4. 评估总结

二氧化硅微封装工艺修复过程中有效降低了移动态汞（＜86%），且修复过程中不产生残余物，缩减了修复费用。在半年稳定化过程中，汞的浸出率减低接近 90%，颗粒态减少了 99%，是一种可以开发利用的修复技术。

6.7.2 中新天津生态城污水库重金属污染底泥治理

1. 场地概况

中新天津生态城污水库主要用于解决蓟运河污染问题，实现清污分流，污水库建成后一直接纳蓄积现代化工区和汉沽工业区排放的工业废水和生活废水，其水质为劣Ⅴ类。污水库内底泥量约为 385 万 m^3，工程总投资为 11.4 亿元（天津生态城环保有限公司官方网站）。其中水溶胶亚层（含水率约为 98%）为 74.4 万 m^3；黑色絮凝亚层（含水率约为 90%）为 53.88 万 m^3；黑灰色泥层（含水率约为 85%）为 171.09 万 m^3。污水库底泥受重金属和难降解有机物复合污染，汞（Hg）、砷（As）、铜（Cu）、镉（Cd）、六六六、滴滴涕为底泥中的特征污染物（魏新庆等，2013）。图 6.4 为中新天津生态城污水库原貌。

图 6.4 中新天津生态城污水库原貌（天津生态城环保有限公司）

2. 技术工艺

该污水库治理实施主要分为 3 个阶段（王旭东等，2016）：污染调查评估与项目前期工作阶段、方案设计与组织管理阶段，以及正式工程实施阶段（图 6.5）。经调查评估以及小试、中试后，针对污染程度不同的底泥制定了相应的处理处置方案。针对重度和中度污染底泥，采用环保疏浚—土工管袋脱水—管道加药稳定化的工艺进行处理。其中重度污染底泥在临时场地处理后区外安全处置（填埋和造陶粒）；中度污染底泥直接在净湖山造岛区域处理填埋作基础。针对轻度污染底泥，采用原位固化稳定化工艺进行处理后作为路基资源化处置。结合清净湖周边规划利用无污染下层土挖方筑岛，开发五指岛、北岛、南岛等近 $1.5km^2$ 的土地资源。

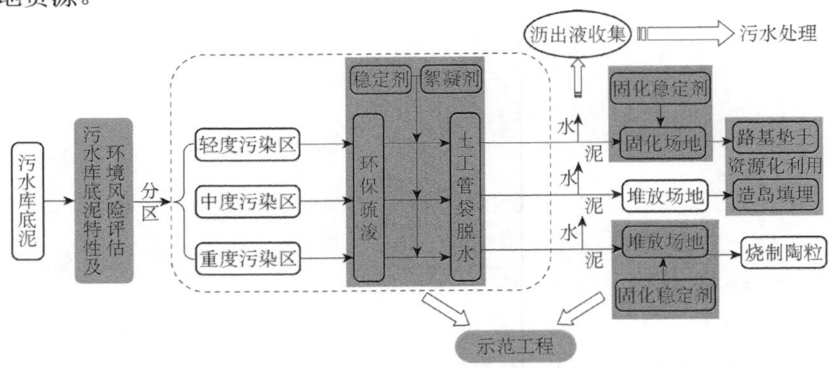

图 6.5 中新天津污水库底泥处置工艺路线（王旭东等，2016）

3. 效果评估

经过2009～2015年的治理，污水库内385多万m^3的污染底泥得到治理，实现无害化处理、资源化利用，215万m^3存量废水得到妥善处理（图6.6）。实施污水库治理工程后所获得的直接效益主要包括（刘振江等，2016）：

（1）新开发了净湖山、五指岛等1.5km^2土地，昔日的污水库变成今日的“清净湖”，环湖生态缓冲带已建成，水域景观生态系统已基本成型，成为生态城最大的景观水系湿地公园；

（2）建设提供了清净湖、环保主题公园、学校、中心商务区（CBD）等公共服务设施基础；

图6.6 污水库治理过程中及治理后效果图（王旭东等，2016）

4. 评估总结

中新天津污水库项目采用分质异治的措施，轻度污染直接利用，中度污染间接利用，重度污染安全处置，降低了处置成本，污水库内385多万m^3的污染底泥和215万m^3存量废水得到妥善处理，经过处理的污染底泥实现了资源化利用。

6.8 技术发展趋势

目前，我国实施的污染场地土壤固化/稳定化工程大部分采用稳定化技术，固化技术的工程较少，这与美国超级基金污染场地采用固化技术为主形成鲜明对比。固化对污染能同时起到稳定和包封作用，无直接暴露的途径，且长期环境安全性比稳定化好。而稳定化对污染物只起到稳定化作用，稳定化效果受土壤性质、污染物种类和外界环境影响大，长期环境安全性的不确定性较大，还存在人体直接暴露的潜在风险。

因此，固化/稳定化技术还需要加强以下几个方面研究：

（1）加速环境友好型材料的研发。磷元素是生物体必要元素之一，向土壤中使用含磷材料，可以提高土体肥力，促进植物微生物等的营养供给，重金属污染土在经含磷材料处理后，固化土的土体 pH 在 6～10，是环境友好的材料。此外，对比于传统材料，含磷材料对 Pb、Zn、Cd、As 等重金属物质具更好的固定效果，适用于我国目前大多的工业重金属污染场地（Malviya and Chaudhary，2006）。

（2）加强稳定化试剂的稳定机理研究。深入系统地研究稳定化试剂的稳定机理，特别是影响稳定化试剂发挥稳定作用的土壤因子，如土壤有机质含量、质地、pH、Eh 值、黏土矿物含量、铁锰铝氧化物含量等，以及温度、湿度、时间等环境因子。

（3）完善固化稳定化效果评价体系。重金属污染土的固化稳定化技术不是通过消除土壤中的重金属，而是通过减少有效态重金属的一种风险控制技术，存在一定的风险，因此，需要对固化稳定化修复后的污染场地进行一系列评价。而评价所需的指标一般包括无侧限抗压强度、浸出毒性、土体 pH、渗透性、耐久特性等，主要是从固化土含水率、强度等物理性质和对重金属浸出两方面加以评价（杜延军等，2011）。

（4）强化处理后土壤的资源化利用。随着我国需要固化/稳定化修复的土方量和底泥量的增加，可以利用的填埋场地越来越少，修复后的土壤处置和再利用技术的需求也越来越迫切。经过固化处理后的污染土可进行资源化再生利用，通常可作路基填料、建筑材料等使用，因此固化污染土应具有良好的环境安全性、强度特性和长期耐久性等。

参 考 文 献

党志，刘从强，尚爱安. 2001. 矿区土壤中重金属活动性评估方法的研究进展. 地球科学进展，16（1）：86-92.

杜延军，金飞，刘松玉，等. 2011. 重金属工业污染场地固化/稳定处理研究进展. 岩土力学，32（1）：116-124.

费杨，阎秀兰，李永华. 2018. 铁锰双金属材料在不同pH条件下对土壤As和重金属的稳定化作用. 环境科学，39（3）：1430-1437.

郭观林. 2005. 重金属污染土壤原位化学固定修复研究进展. 应用生态学报，16（10）：1990-1996.

胡雨燕，陈德珍. 2008. 水热条件下磷酸盐稳定垃圾焚烧飞灰的研究. 建筑材料学报，11（1）：121-126.

华珞，陈世宝，百玲玉，等. 2001. 土壤腐殖酸与Cd、Zn及其复合存在的络合物稳定性研究. 中国农业科学，34（2）：187-191.

李东旭，李鹏晓，冯春花. 2009. 磷酸镁水泥耐水性的研究. 建筑材料学报，12（5）：505-510.

李光林，魏世强. 2003. 镉在腐殖酸上的吸附与解吸特征研究. 农业环境科学学报，22（1）：34-37.

林志坚，毕薇. 2016. 重金属污染土壤固化/稳定化技术及设备研究进展. 广东化工，43（14）：119-120.

刘青，罗超，张建军，等. 2019. 综合稳定化/固化处理技术在工程中的应用. 有色冶金设计与研究，40（1）：48-50.

刘振江，赵益华，陶君，等. 2016. 中新生态城污水库环境治理与生态重建. 中国给水排水，32（1）：78-82.

田雷. 2017. 固化/稳定化技术在铬污染场地修复中的应用及影响因素分析//中国矿物岩石地球化学学会. 中国矿物岩石地球化学学会第九次全国会员代表大会暨第16届学术年会文集. 西安：中国矿物岩石地球化学学会.

王加华，张峰，马烈. 2016. 重金属污染土壤稳定化修复药剂研究进展. 中国资源综合利用，34（2）：49-52.

王金恒，张凤娥，董良飞. 2018. 固化剂对土壤中重金属的稳定化效果. 江苏农业科学，46（6）：235-238.

王雷. 2006. 高压喷射灌浆施工设备研究. 西安：西安理工大学.

王立群，罗磊，马义兵，等. 2009. 重金属污染土壤原位钝化修复研究进展. 应用生态学报，20（5）：1214-1222.

王旭东，宋震宇，吴津，等. 2016. 中新生态城重污染湖库治理技术“三和三能”理念的推广与实践. 环境卫生工程，24（6）：87-90.

魏新庆，王立彤，王松，等. 2013. 中新天津生态城污水库重金属污染底泥治理总体设计. 中国给水排水，29（18）：93-96.

吴平霄. 2004. 黏土矿物材料与环境修复. 北京：化学工业出版社.

夏立江，王宏康. 2001. 土壤污染及其防治. 上海：华东理工大学出版社.

闫国新，张梦宇，王飞寒. 2013. 水利水电工程施工技术. 郑州：黄河水利出版社.

张长波，罗启仕，付融冰，等. 2009. 污染土壤的固化/稳定化处理技术研究进展. 土壤，41（1）：8-15.

周启星，宋玉芳，等. 2004. 污染土壤修复原理与方法. 北京：科学出版社.

Ainsworth C C，Gassman P L，Pilon J L，et al. 1994. Cobalt，cadmium，and lead sorption to hydrous iron oxide：residence time effect. Soil Science Society of America Journal，58（6）：1615-1623.

Appelo C，van der Weiden M J J，Tournassat C，et al. 2002. Surface complexation of ferrous iron and carbonate on ferrihydrite and the mobilization of arsenic. Environmental Science & Technology，36（14）：3096-3103.

Baveye P，Belluck D A，Benjamin S L，et al. 2003. Widespread arsenic contamination of soils in residential areas and public spaces：an emerging regulatory or medical crisis?. International Journal of Toxicology，22（2）：109-128.

Bruemmer G W，Gerth J，Tiller K G. 1988. Reaction kinetics of the adsorption and desorption of nicker zinc and cadmium by goethite. Soil Science，39：37-52.

Chen Q Y，Tyrer M，Hills C D，et al. 2009. Immobilization of heavy metal in cement- based solidification/stabilization：a review. Waste Management，29（1）：390-403.

Conner J R，Hoeffner S L. 1998. The history of stabilization/solidification technology. Critical Reviews in Environmental Science and Technology，28（4）：325-396.

Dassekpo J B M，Ning J Q，Zha X X. 2018. Potential solidification/stabilization of clay-waste using green geopolymer remediation technologies. Process Safety and Environmental Protection，117：684-693.

Dubbin W E，Goh T B. 1995. Adsorptive capacity of montmorillonite for hydroxyl Cr polymers and mode of Cr complexation. Clay Minerals，30：175-185.

Dubbin W E. 1994. Property of hydroxyl Al and Cr interlayers in montmorillonite. Clays and Clay Miner，42：31-336.

Engle M A，Goff F，Jewett D G，et al. 2008. Application of environmental groundwater tracers at the Sulphur Bank Mercury Mine，California，USA. Hydrogeology Journal，16（3）：559-573.

Ford R C，Sparks D L. 2000. The nature of Zn precipitates formed in the presence of pyropyllite. Environment Science & Technology，34：2479-2483.

Furnare L J，Vailionis A V，Strawn D G P. 2005. Olarized XANES and EXAFS spectroscopic investigation into copper（Ⅱ）complexes on vermiculite. Geochemical et Cosmochimica Acta，69：5219-5231.

Harmsen H. 1977. Behaviour of Heavy Metals in Soils. Wageningen：Center for Agricultural Publishing and Documentation.

Hartley W，Lepp N W. 2008. Effect of in situ soil amendments on arsenic uptake in successive harvests of ryegrass（*Lolium perenne* cv Elka）grown in amended As-polluted soils. Environmental Pollution，156：1030-1040.

Keppert M，Doušová B，Reiterman P，et al. 2018. Application of heavy metals sorbent as reactive component in cementitious composites. Journal of Cleaner Production，199：565-573.

Kumpiene J，Lagerkvist A，Maurice C. 2008. Stabilization of As，Cr，Cu，Pb and Zn in soil using amendments—a review. Waste Management，28（1）：215-225.

Li X D，Poon C S，Sun H，et al. 2001. Heavy metal speciation and leaching behaviours in cement based solidified/stabilized waste materials. Journal of Hazardous Materials，82（3）：215-230.

Lombi E，Sletten R S，Wenzel W W. 2000. Sequentially extracted arsenic from different size fractions of contaminated soils. Water，Air，and Soil Pollution，124（3-4）：319-332.

Malviya R，Chaudhary R. 2006. Factors affecting hazardous waste solidification/stabilization：a review. Journal of Hazard Materials，137：267-276.

Manning B A，Fendorf S，Goldberg S，et al. 1998. Surface structures and stability of arsenic（Ⅲ）on goethite：spectroscopic evidence for inner-sphere complexes. Environmental Science & Technology，32（16）：2383-2388.

Matera V，Hécho I L，Laboudigue A，et al.2003. A methodological approach for the identification of arsenic bearing phases in polluted soils. Environmental Pollution，126（1）：51-64.

Mc Gowan S L，Basta N T，Brown G O. 2001. Use of diammonium phosphate to reduce heavy metal solubility and transport in smelter contaminated soil. Journal of Environmental Quality，30：493-500.

Miretzky P，Fernandez C A. 2010. Remediation of arsenic-contaminated soils by iron amendments：a review. Critical Reviews in Environmental Science and Technology，40（2）：93-115.

Moon D H，Grubb D G，Reilly T L. 2009. Stabilization/solidification of selenium impacted soils using portland cement and cement kiln dust. Journal of Hazardous Materials，168（2/3）：944-951.

Pan Y，Rossabi J，Pan C，et al. 2019. Stabilization/solidification characteristics of organic clay contaminated by lead when using cement. Journal of Hazardous Materials，362：132-139.

Paria S，Yuet P K. 2006. Solidification-stabilization of organic and inorganic contaminants using portland cement：a literature review. Environmental Reviews，14（4）：217-255.

USEPA. 2004. Stabilization of mercury in waste material from the sulfur bank mercury mine. Office of Research and Development, EPA 540-R-502a. https://nepis.epa.gov/Exe/ZyPDF.cgi/30006P8J.PDF?Dockey=30006P8J.PDF[2020-02-01].

USEPA. 2015. Water quality progress report: Clear lake-mercury. https://www.epa.gov/sites/default/

files/2015-07/documents/10-clear-lake-mercury-tmdl-implementation-report-2015-06-15.pdf [2020-02-01].

Wang G，Chen J B，Gu X Q，et al. 1999. Effect of organic materials on speciation of Cu in soil solution. Pedosphere，9（2）：139-146.

Wang L，Yu K Q，Li J S，et al. 2018. Low-carbon and low-alkalinity stabilization/ solidification of high-Pb contaminated soil. Chemical Engineering Journal，351：418-427.

Wiles C C. 1987. A view of solidification/ stabilization technology. Journal of Hazard Materials，14：5-21.

Zacco A，Borgese L，Gianoncelli A，et al. 2014. Review of fly ash inertisation treatments and recycling. Environmental Chemistry Letters，12（1）：153-175.

Zhang L H，Catalan L L L，Larsen A C，et al. 2008. Effects of sucrose and sorbitol on cement-based stabilization/solidification of toxic metal waste. Journal of Hazardous Materials，151：490-498.

第7章 微生物修复技术

7.1 技术概述

微生物修复技术（micro-remediation）是指利用天然存在的或人工选育的功能微生物群，通过创造适宜的环境条件，促进或强化微生物代谢功能，从而降低有毒有害污染物活性或降解成低毒无毒物质的修复技术（滕应等，2007）。它是一种经济有效的绿色修复技术，已成为土壤修复领域的重要发展方向。

微生物修复技术的应用最早出现于20世纪60年代末，被用于美国圣巴巴拉海岸的石油泄漏治理，80年代开始大规模应用于石油、农药等有机污染土壤的修复（Yong and Zhong，2010）。美国、日本、欧洲等发达国家或地区相继对微生物修复技术进行了研究，并发展出生物刺激、生物强化等技术工艺，完成了一些实际的工程案例，取得了相当的成功。由于重金属不能被微生物降解，相关研究要滞后于微生物对有机污染土壤的治理，直到21世纪，越来越多的学者开始基于微生物对重金属的转化或固定作用来研究微生物对重金属污染土壤的修复作用（Garbisu and Alkorta，2003），微生物修复技术也逐渐被开发用于有机物和重金属复合污染土壤的修复研究（Alvarez et al.，2017）（图7.1）。微生物修复技术已逐渐发展成为一种新的污染土壤治理技术，并被认为是一种绿色修复技术而给予厚望（Adams et al.，2015）。我国自20世纪90年代起开始进行土壤微生物修复技术的相关研究，近十几年来研究发展迅速（石扬和陈沅江，2017），重点集中于高效修复菌株筛选、修复机理及修复工艺参数优化等方面研究。

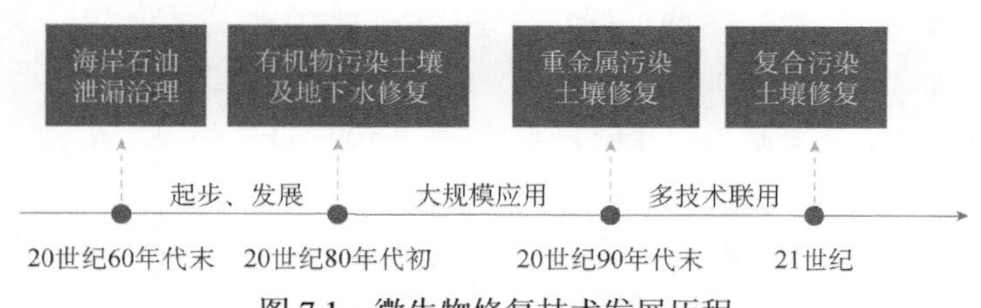

图7.1 微生物修复技术发展历程

7.2 技 术 原 理

微生物修复的技术原理实质是生物降解或者生物转化，即微生物对有机污染物的分解作用或者对无机污染物的钝化作用（Haritash and Kaushik，2009）。在实际修复中就是利用诸如细菌、真菌、放线菌等微生物的生长代谢或共代谢作用降解土壤中的有机污染物（图 7.2），或者通过生物吸附和生物氧化、还原等作用改变重金属元素的存在形态，以达到去除环境中有机污染物或降低重金属毒性的目的（Aydin et al.，2017）。微生物修复技术既可治理农药、除草剂、石油、多环芳烃等有机物污染的环境，也可治理重金属等无机物污染的环境；既可使用土著微生物进行自然生物修复，也可通过补充营养盐、电子受体及添加人工培养菌或基因工程菌进行人工生物修复；既可进行原位修复，也可进行异位修复（刘志培和刘双江，2015）。

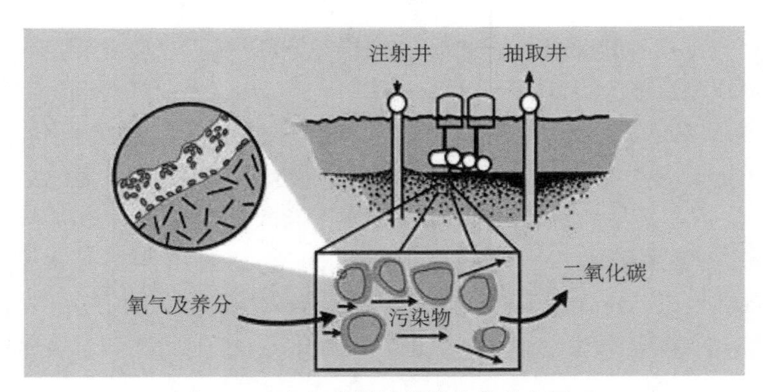

图 7.2　有机污染场地的微生物修复原理

例如，在自然条件下，土壤中的有机污染物主要通过参与原生微生物的生长代谢过程，在微生物分泌的相关降解酶的作用下，降解成为无毒无害的小分子脂肪酸或矿化为二氧化碳和水。然而，由于各种环境因素的限制，自然条件下微生物的代谢活动难以长时间保持在最佳状态，使得微生物降解性能较差，难以满足污染场地的修复需求。此外，若污染新近发生，往往很少有土著微生物能够在短时间内适应并对新近污染物进行降解。因此，针对天然微生物降解/钝化速率慢、适用性窄等关键问题，微生物修复技术应运而生，该技术主要通过人为控制，如添加营养物质、高效降解菌等，调整微生物生长环境，使微生物的生长代谢活动处于最佳状态，进而提高微生物对有机污染物的降解效率和无机污染物的钝化效率，缩短修复时间，降低修复成本。

土壤微生物修复技术主要分为两类，即原位微生物修复和异位微生物修复。其中原位微生物修复技术主要包括生物刺激、生物强化和生物通风等；而异位微生物修复技术包括生物堆法（biopiles）和泥浆生物反应器法（bioslurry bioreactor）等（Gaur et al.，2018）。生物刺激主要是通过向污染土壤中加入营养物质和碳源，为土壤微生物提供生长代谢所需的各种营养物质，调节C：N：P比例，使微生物达到最佳生长状态，刺激降解/钝化体系中微生物的生长，进而提高微生物对各类污染物的修复效率（Singh et al.，2011）。生物强化主要是通过在受控的条件下引入外源高效降解/钝化菌或生物催化剂（基因和酶）来降解目标污染物。通过添加具有特定功能的微生物或生物催化剂，可有效提高反应体系对污染物，尤其是难降解有机污染物的降解效率。在实际污染场地修复过程中，生物刺激和生物强化往往搭配使用，以获得最佳的修复效果。生物通风在上述章节已经作为单独的技术进行了详细介绍，此处不再赘述。生物堆技术是将污染土壤集中堆置并借由强制通风及添加营养元素和水分等来促进生物降解作用，达到消除或减少堆体土壤中污染物质的目的，是一种异位处理法。生物泥浆法也是一种异位生物修复技术，是将受污染的土壤挖掘出来按一定比例与水混合搅拌成泥浆，通过在反应器提供微生物的所需供氧量、营养物质，以达到去除污染物的目的。

7.3 技术适用范围及优缺点

7.3.1 技术适用范围

微生物修复技术主要适用于可生物降解的有机污染场地修复。目前，该技术已成功应用于地下储油罐污染地、原油污染海湾、石油泄漏污染地及其废弃物堆置场，含氯溶剂、苯、菲等多种有机物污染场地的生物修复。当前，越来越多的学者开始将微生物修复技术用于铬渣、尾矿堆场等重金属污染场地和铀等放射性核素污染场地的修复研究，但工程化应用的案例不多。污染场地的微生物修复既可采用原位修复，也可采用异位修复的方式，在原位修复中也可同时处理受污染的土壤和地下水。

7.3.2 技术优点

微生物修复技术是对自然微生物降解过程的强化，在绿色、成本控制和工程操作等方面均具有良好的表现。

（1）绿色、清洁、生态可承受。微生物修复过程中不需添加化学药剂，不进行各类极端物理参数调整，有利于保持和恢复土壤生态功能。

（2）操作相对简单，成本低廉，易于维护。与物理、化学方法相比，微生物修复的费用较低，为其处理成本的1/4～1/3。

（3）修复效果好，可处理复合污染。微生物修复可有效降解包括多环芳烃、多氯联苯、石油烃等多种类型易于生物降解的有机污染物。

（4）可同时修复受污染的土壤和地下水。

7.3.3 技术缺点

微生物修复技术的局限性和缺点主要表现在以下几方面。

（1）修复周期较长。受微生物种群增长规律限制、碳源消耗以及微生物遗传信息突变等因素影响，微生物降解速率随着培养时间的增加而逐渐下降，修复周期往往长达数月甚至数年。

（2）目标污染物有限。一般情况下，特定的微生物只能降解特定化学物质，化合物状态改变后，可能不会被该微生物降解，而在实际应用过程中，土壤中的污染物形态种类各异且不稳定。另外，有些污染物较难或不能被微生物所降解，如多氯代化合物。

（3）对实际污染场地适应性较差。微生物作用于实际污染物场地时，往往面临包括土著微生物竞争、土壤理化性质、污染物浓度、温度、pH等多种环境因素的影响，这些因素对微生物修复的影响较其他物理、化学修复技术的影响要大得多。

7.4 技术影响因素

污染土壤中的有机物和重金属等污染物主要是通过微生物的作用将其降解转化和固定的。因此，在生物修复中首先应考虑适宜微生物的来源。其次，微生物的代谢活动在适宜的环境条件下才能进行，而受有机物和重金属污染土壤的条件往往较为恶劣，因此必须了解并人为提供适宜的环境条件以强化微生物对污染土壤的修复作用。微生物修复技术影响因素主要包括营养物质、土壤理化性质、污染物性质与浓度等和外源助剂添加。

7.4.1 营养物质

微生物的生长代谢过程中需要 C、N、P、K 等元素，在适当的水分条件下，通过添加营养元素等外在条件刺激土著降解性微生物种群活性可以强化修复效果。Akins 和 Lewis（1976）实验证实，经过一段时间厌氧培养的土壤（添加 100mg/kg 一甲基砷酸盐），未添加有机质时砷挥发了 8.1%，而添加有机质处理时砷挥发了 11%。宋红波等（2005）研究了不同条件对砷污染土壤生物挥发的影响，结果表明施加生物有机肥能促进砷的生物挥发。

7.4.2 土壤理化性质

土壤理化性质，如土壤有机质含量、pH、温度、湿度、氧化还原条件等因素对微生物修复效果影响显著。土壤有机质含量和结构决定了有机污染物在土壤中的吸附特性，影响了有机污染物的生物可利用性。有研究表明，当有机物进入到玻璃态有机质中后，难以被释放回土壤颗粒或溶液中（Weber and Huang，1996），从而不能被微生物所利用。pH、温度、湿度等环境参数与微生物生长密切相关，对有机污染物的生物代谢过程有较大的影响。土壤的氧化还原条件对微生物修复菌种、修复工艺的选取有重要影响。

7.4.3 污染物性质与浓度

有机污染物的生物可利用性是决定微生物修复技术可行性的关键。一般而言，有机污染物的生物可利用性随着分子量的增大而迅速降低。污染物生物可利用性过低，则微生物不能将其完全降解。污染物浓度的高低直接影响着微生物的活性，污染物浓度太高，则对微生物产生极大毒性效应；而污染物浓度过低，则会抑制降解酶的诱导分泌。

7.4.4 外源助剂添加

生物表面活性剂（biosurfactants）是指微生物在一定条件下培养时，其代谢过程中会分泌出具有表面活性的、集亲水基和疏水基结构于一分子的内部两亲性化合物，可以改善两相物质间的界面性质，起到增容、渗透、分散污染物等作用。大量的实验证明表面活性剂的使用可以提高微生物修复效率。研究发现，由铜绿假单胞菌产生的一种表面活性剂能溶解有毒的有机化学物质并增加其溶解性，可使污染物中六氯联苯去除率提高 31%（Man and Suk，2001）。

7.5 技术前沿进展

7.5.1 有机物污染土壤微生物修复进展

目前已经分离出多种微生物用于转化和代谢多环芳烃、农药、含能化合物等多种有机污染物。此外，基因组学和基因工程菌的构建也为发现微生物的新功能提供了机会。多环芳烃、农药和含能化合物作为备受人们关注的几种有机污染物，在微生物修复领域也得到了广泛的研究。

1. 多环芳烃污染的微生物修复进展

多环芳烃是一类具有两个或多个稠合苯环的持久性有机污染物，具有毒性高、化学稳定性强、不易降解等特点，可以通过食物链在生物体内富集，对生态环境和人类健康造成严重威胁（Santana et al.，2018；Kuppusamy et al.，2017）。微生物降解是自然界中去除多环芳烃的主要途径（Patel et al.，2013）。目前已发现约有 70 个菌属，超过 200 个菌种的微生物能够降解包括多环芳烃在内的一种或多种烃类化合物（Pi et al.，2015）。常见的多环芳烃降解菌有假单胞菌属（*Pseudomonas*）、无色杆菌属（*Achromobacter*）、芽孢杆菌属（*Bacillus*）等（Gaur et al.，2018）。这些细菌对多环芳烃的代谢机制一般是通过加氧酶使芳香环羟基化，形成顺-二氢化二醇（cis-dihydrodiol），随后在脱氢酶作用下生成二醇中间体（diol intermediate），最终裂解为醛或酸，进入 TCA 循环而被矿化，达到去除环境中多环芳烃的目的（Ghosal et al.，2016）。

2. 农药污染的微生物修复进展

农药如有机氯农药六六六（HCH）、滴滴涕（DDT）等，是一类高残留、生物富集性很强的持久性有机污染物（POPs），它们可以通过食物链传染整个生态环境，进而危害人类健康（张运林等，2008）。微生物降解农药的方式主要有：①以农药为唯一碳源和能源生长，降解速度较快；②共代谢方式，微生物利用营养基质的同时将污染物降解。能够降解有机氯农药的微生物包括芽孢杆菌属、棒状杆菌属（*Corynebacterium*）、诺卡氏菌属（*Nocardia*）等。赵煜坤等（2011）以盆钵试验的方式研究六六六高效降解菌株 BHC-A 和滴滴涕高效降解菌株 wax 对六六六、滴滴涕污染土壤的生物修复效果和降解菌在土壤中的数量变化。研究结果表明，BHC-A 和 wax 能够对土壤中残留的六六六和滴滴涕农药残留起到很好的修复作用，降解效果分别达到了 98.93%和 97.85%。

3．含能化合物的微生物修复进展

对于含能化合物降解菌的报道，最早出现于 20 世纪 90 年代，Duque 等（1993）从三硝基甲苯（TNT）污染土壤中首次分离出能够以 TNT、2,4-二硝基甲苯（2,4-DNT）和 2-硝基甲苯作为唯一氮源的假单胞菌 C1S1（*Pseudomonas* sp. strain C1S1），该菌能够在以 TNT 作为唯一氮源的培养基上生长，有效去除 TNT 上的硝基。三株红球菌属 *Rhodococcus* sp. strain DN22、*Rhodococcus* sp. strain YH1 和 *R. rhodochrous* strain 11Y 分别从澳大利亚、意大利和英国的环三亚甲基三硝胺（RDX）污染土壤中分离出来，能够在好氧条件下，使用 RDX 作为生长代谢过程中唯一氮源（Coleman et al.，1998；Seth et al.，2002；Nejidat et al.，2008）。随后，有包括芽孢杆菌属、分枝杆菌属（*Mycobacterium*）、假单胞菌属等含能化合物降解细菌及原毛平革菌属（*Phanerochaete*）、白囊耙齿菌（*Irpex lacteus*）、球盖菇属（*Stropharia*）在内的含能化合物降解真菌相继被报道出来。

当前，在微生物修复技术处理实际污染土壤修复的案例中，主要通过生物刺激手段来去除土壤中的含能化合物。Fava 等（2004）通过在受 TNT 和 TNB 污染的某陆军弹药厂土壤中加入糖蜜等营养物质，进行好氧堆肥，最终达到了 90%的 TNT 去除效率。然而，虽然已有相当的关于含能化合物降解菌的报道，但与生物刺激相比，在实际污染场地中通过生物强化（在实际土壤中加入高效降解菌）的成功案例仍然缺乏（van Dillewijn et al. 2007）。原位生物强化试验的失败可归因于多种因素，如捕食、竞争或吸附（Fantroussi and Agathos，2005）。如何有效将含能化合物高效降解菌用于实际污染土壤，仍是微生物修复技术的一个难点。

7.5.2 重金属污染土壤微生物修复进展

微生物可以通过改变重金属价态或形态，进而影响它们的溶解性、迁移性和生物可利用性等（Ayansina and Olubukola，2017）。重金属的微生物修复主要通过生物矿化、生物吸附、生物转化和生物去甲基化等方式实现（Pratush et al.，2018）。

1．生物矿化

微生物矿化作用在土壤重金属污染治理中的应用研究是近年来微生物修复

技术研究的热点（党政等，2018）。微生物对重金属离子的矿化过程中，形成的矿物类型主要为碳酸盐、硫化物和磷酸盐等。土壤中的一部分微生物可以分泌脲酶来水解尿素，产生碳酸盐，进而与重金属离子结合而使其矿化和固定。Li 等（2013）以筛选出的巴氏芽孢八叠球菌进行镍、铜、铅、钴、锌和镉的生物矿化作用研究，发现这些细菌可以产生脲酶，水解尿素，生成碳酸盐，直接与重金属离子生成碳酸盐矿物。Yang 等（2016）从铜尾矿土中分离出一株强固芽孢杆菌（*Bacillus firmus*），能够水解尿素产生碳酸根，并诱导重金属离子与 Ca^{2+}发生共沉淀反应。结果表明，重金属生物固定化效率主要基于微生物诱导的方解石沉淀，通过微生物诱导矿化可有效地固定土壤中铜、铅和镉等重金属。另有研究提出，碳酸钙晶核生长过程中金属或类金属离子取代钙离子或阴离子形成共沉淀物或被方解石吸附形成复合体，如矿化菌八叠球菌（*Sporosarcina ginsengisoli*）用于土壤 As 污染治理时，处理后的土壤中碳酸盐结合态的组分显著升高，X 射线衍射结果证实形成了方解石-As 共沉淀物（Achal et al.，2012）。

Teng 等（2019）从重金属污染土壤中筛选出一株具有高效解磷能力的解磷细菌 L1-5，研究发现该细菌可以通过生物解磷作用生成 PO_4^{3-}，并可与土壤中的 Pb^{2+}发生矿化反应，生成羟基磷灰石和磷氯铅矿。其还指出解磷菌具有溶解磷酸盐和生物矿化固定铅的特性，在生物修复铅污染土壤方面具有广阔前景。

硫酸盐还原菌（SRB）在厌氧条件下可以将 SO_4^{2-}还原为 H_2S，形成的 S^{2-}与游离重金属形成硫化物沉淀。硫化物溶度积远小于碳酸盐矿物，促进硫化物形成的微生物是生物矿化研究的热点之一。Jiang 和 Fan（2010）研究发现在尾矿污染土中接种 SRB 可去除土壤中超过 70%的可交换态 Cd，其大幅降低 Cd 的生物有效性。

2. 生物吸附

将具有重金属吸附能力的天然蛋白或人工合成肽展示在微生物表面，可以提高微生物对重金属的吸附能力。目前已经成功实现细胞表面展示金属硫蛋白、植物螯合素（PCs）等。Bea 等（2002）将 PCs 与 INP 的 N 端和 C 端融合，在莫拉菌表面展示，使得重组菌株对镉、汞等重金属的吸附能力提高了 10 倍。

存在于微生物表面的多种极性官能团通过与砷等重金属离子发生定量化合反应而达到固定重金属的目的。Takeuchi 等（2007）研究发现，生长在含有 5mg/L As 的培养基中的 *Marinomonas communis*，其砷吸附量可达 2290mg/kg（干重）。

3. 生物还原

土壤中 Cr（Ⅵ）的毒性和活性是 Cr（Ⅲ）数十到上百倍。因此，针对 Cr 污染土壤，可采用生物还原的方式进行修复。Li 等（2013）优化了土著细菌对土壤中 Cr 污染修复的工艺参数，研究发现土壤粒径小于 2cm、营养物喷施强度为 29.6～59.2mL/min、修复时间 6h 条件下，添加的营养物质能大幅活化土著菌群，使土壤中水溶态 Cr 的去除率可超过 99%，修复效果极佳。

4. 生物转化

无机砷化物在微生物的作用下，可以被转化为毒性较低的一甲基砷酸（盐）、二甲基砷酸（盐）和三甲基砷氧以及无毒的芳香族化合物砷胆碱和砷甜菜碱。吴剑等（2005）分离得到 1 株芽孢杆菌属细菌，能将二甲基砷酸（盐）转为气态砷。而气态甲基胂的毒性比砷酸盐或 As_2O_3 小得多，而且如果产生的甲基胂数量比较大，还可通过覆盖薄膜的方式回收砷。

5. 生物去甲基化

与无机汞相比，有机汞（甲基汞）毒性更强，因此微生物去甲基化研究尤为重要。汞的微生物去甲基化按照反应机理主要分为还原性去甲基化与氧化性去甲基化，其中还原性去甲基化多与 mer 操纵子有关，还原产物为 HgO 和 CH_4，在汞的去甲基化过程中占据主导地位（谷春豪等，2013）。氧化性去甲基化过程多发生在厌氧环境中，细菌利用甲醇、单甲基胺等有机物代谢产生的能量将甲基汞裂解，生成 Hg^{2+}，其间不需要 mer 操纵子的调控。目前，有关产甲烷菌、硫酸盐还原菌的氧化去甲基化研究最为广泛。

7.6 技术涉及的产品与装备

从 20 世纪 80 年代起，微生物修复技术已逐渐成为国际上污染场地土壤及地下水修复研究的热点，其技术得到迅速发展和工程化应用。尤其在微生物修复菌剂产品及其技术装备研发方面取得了重大突破，获得了一批具有自主知识产权或实现产业化应用的产品和装备，其中包括有机污染物降解菌剂 15 种，重金属修复菌剂 12 种，生物刺激剂（添加剂）3 种，微生物修复装备 3 种，部分列表附后。总体来看，我国相关产品与装备专利申请数量较多，但实际技术成果转化应用的较少。相关有机污染物降解菌剂、重金属修复菌剂、生物刺激剂和装备详见表 7.1～表 7.4。

表 7.1　土壤有机物污染物降解菌剂

编号	产品名称	核心配方	适用范围	功能效果	产业化情况	来源
1	MTBE 降解菌 SC-100	*Rhodococcus aetherovorans*	用于 MTBE 污染土壤和地下水修复	实际工程中 7 个月可将 MTBE 浓度由 1000～10000μg/L 降到 10μg/L 以下	已产业化应用	美国加利福尼亚州海军基地地下储罐场地修复项目
2	NRRL B-18512 降解菌	*Pseudomonas paucimobilis*	用于杂酚油污染的土壤或地下水修复	中试规模下，接种 8 天可以去除地下水中 98%以上的杂酚油污染	—	专利：两阶段生物降解对杂酚油污染土壤或地下水生物修复方法（专利号：US5614410）
3	油污染降解混合菌剂	Rhodococcus *baikoneurensis* EN3 KCTC19082，*Acinetobacter johnsonii* EN67 KCTC12360 和 *Acinetobacter haemolyticus* EN96 KCTC12361混合菌剂	用于油污染土壤修复	柴油浓度为 1000ppm 时均显示出 100%的降解率，即使在柴油浓度为 20000ppm 时也显示出大于 90%的降解率	—	专利：具有油生物降解性的新型微生物和用于生物修复受油污染的土壤的方法（专利号：US20080020947）
4	多环芳烃污染土壤修复菌剂	Mucor：Cunninghamella：Fusarium：Penicillium chrysogenum 为 1～4：1～4：1～4：1～4	用于多环芳烃污染土壤的修复	42 天内对土壤中总 PAHs 降解效率为 65.35%～66%	未商用	专利：一种多环芳烃污染土壤修复菌剂的制备和使用方法（公开号：CN101724566A）
5	多环芳烃菌剂	*Rhodococcus*：*Microbacterium*：*Ochrobacterium*：*Bordetella* 为 1～10：1～10：1～10：1～10	用于多环芳烃污染土壤的修复	4 周内对土壤中总 PAHs 降解效率较空白组平均提高 30%	未商用	专利：去除多环芳烃和/或降解多环芳烃的菌剂及其应用（公开号：CN101851582B）
6	多环芳烃降解微生物菌剂	*Mycobacterium*：*Stenotrophomonas acidaminiphila* 为 1～2：1	用于芘和荧蒽污染土壤的修复	10 天内对土壤中菲和芘降解率分别为 72.2%和 81.5%	未商用	专利：多环芳烃降解微生物菌剂（公开号：CN102533578B）
7	多环芳烃降解混合菌剂	*Pseudomonas* B08、*Pseudomonas* BM、*Bacillus* BYB、*Bacillus* B07、*Ochrobactrum* ZHL4、*Gordonia* BGDS、*Mycobacterium* BFZG 土著混合菌	用于多环芳烃污染土壤的修复	9 天内对总 PAHs 降解率达 91.21%	未商用	专利：一种降解多环芳烃污染物的混合菌剂（公开号：CN102776135A）
8	单载体多环芳烃降解菌剂	*Mycobacterium vanbalenii*	用于芘污染土壤的修复	3 天内对芘降解效率达 98%	未商用	专利：单载体的多环芳烃降解菌剂及其制备方法（公开号：CN102277350B）

续表

编号	产品名称	核心配方	适用范围	功能效果	产业化情况	来源
9	多环芳烃和有机锡复合污染治理菌剂	*Pseudomonas aeruginosa*：*Bacillus cereus* 为1：1～20	用于苯并[a]芘和有机锡污染土壤的修复	5天内对苯并[a]芘降解效率达33.4%～70.9%，三苯基锡降解效率达51.7%～81.6%	未商用	专利：一种多环芳烃和有机锡复合污染治理菌剂及其制备与应用（公开号：CN103468609B）
10	多环芳烃降解微生物菌剂	*Mycobacterium gilvum*：真菌绿色木霉为0.5～1：1	用于芘污染土壤的修复	36天内对土壤中芘降解效率达90.1%	未商用	专利：一种多环芳烃降解微生物菌剂及其制备方法和应用（公开号：CN104312951B）
11	多环芳烃微生物菌剂	*Rhizobium petrolearium*：*Mesorhizobium huakuii* 为1：0.25～0.75	用于多环芳烃污染土壤的修复	30天内对土壤中总PAHs降解效率达41.8%～74.2%	未商用	专利：紫云英和微生物菌剂构成的降解多环芳烃的成套产品及其应用（公开号：CN105624057A）
12	多环芳烃的微生物膜菌剂	*Mycobacterium* 或 *Sphingobium* 或 *Micrococcus*	用于菲和芘污染土壤的修复	14天内对土壤中菲的降解率达92%～96%，芘的降解率可达64%～69%	未商用	专利：一种降解多环芳烃的微生物膜菌剂及其制备方法（公开号：CN105543205A）
13	多环芳烃降解混合菌剂	*Bordetella*：*Orchrobactrum*：*Herbaspirollum*：*Microbacterium* 为21～101：40～200：102～20：1:2	用于多环芳烃污染土壤修复	30天对土壤中总PAHs降解率为59.68%	未商用	专利：一种修复多环芳烃污染场地的混合菌剂及制备方法和应用方法（公开号：CN 101735996A）
14	多环芳烃降解菌剂	*Mycobacterium*	用于菲和芘等污染土壤的修复	10天对土壤中菲和芘降解率分别为72.2%和81.5%	未商用	专利：一种多环芳烃降解菌剂的制备方法（公开号：CN101423807B）
15	多环芳烃降解微生物菌剂	*Mycobacterium* W52：*Mycobacterium* M16为1～5：1～5	用于有机污染芘的修复	2周内对土壤中芘降解效率达95%以上	未商用	专利：多环芳烃降解微生物菌剂（公开号：CN101643707B）

表 7.2　土壤重金属污染修复菌剂

编号	产品名称	核心配方	适用范围	功能效果	产业化情况	来源
1	铅矿化菌剂	*Pseudomonas aeruginosa strain* CHL004	用于铅污染土壤生物修复	有效降低土壤中 Pb 的生物有效性	—	专利：铅螯合土壤细菌降低铅的生物有效性的方法（专利号：CA2287222）
2	六价铬还原菌剂	土著细菌	用于六价铬污染土壤或地下水的原位或异位生物修复	Cr^{6+}浓度为 300～600mg/L 时，连续运行 100h 后出水总 Cr 浓度降低 20%	—	专利：一种六价铬污染土壤或地下水的原位或异位生物修复方法（专利号：US5681739）
3	镉污染土壤治理复合菌剂	*Acidiphilium cryptum*∶*Candida rugosa*∶*Acetobacter diazotrophicus*∶*Rhodotorula glutinis*∶*Pseudomonas aeruginos*∶*Acidithiobacillus thiooxidans*∶*Acidthiobacillus ferrooxidans* 为 1～1.5∶1～1.5∶1～1.5∶1～1.5∶1～1.5∶1.1～1.5∶1.2～1.5	镉污染土壤治理	7 天内对土壤中重金属镉修复率达 60.3%	未商用	专利：一种能适应高固液比体系的镉污染土壤治理复合菌剂的应用（公开号：CN106984646A）
4	重金属钝化菌剂	*Archaeoglobus veneficus* VC-16 或 *Thermodesulfobacterium commune* YSRA-1	污泥重金属钝化	30 天内使得污泥中 Cu（Ⅱ）、Cr（Ⅵ）含量降低 70.84%～75.89% 和 80.24%～82.18%	未商用	专利：一种污泥堆肥重金属钝化菌剂及生产方法和应用（公开号：CN106479919A）
5	微生物菌剂	*Mortierella alpina*∶*Trichoderma asperellum*∶*Mucor circinelloides* 为 1∶1～2.5∶1.8～3.6	土壤重金属污染治理	30 天内对土壤中 Cu 去除效率达 29.8%～59.7%，Zn 去除效率达 25.6%～52.4%，Pb 去除效率达 28.6%～75.8%	未商用	专利：一种处理土壤重金属污染的微生物菌剂及其制备方法与应用（公开号：CN106424125A）
6	阴沟肠杆菌剂	*Enterobacter cloacae*	汞污染的土壤或含汞废水的生物修复	15 天内对土壤中 Hg^{2+}钝化率达 78.12%	未商用	专利：一种阴沟肠杆菌、含有该菌的菌剂及其应用和钝化汞的方法（公开号：CN106497809A）

续表

编号	产品名称	核心配方	适用范围	功能效果	产业化情况	来源
7	不动杆菌败血菌剂	*Acinetobacter septicus*	砷污染的土壤或含砷废水的生物修复	15天内对土壤中As^{3+}钝化率达83.26%	未商用	专利：一种不动杆菌败血菌、含有该菌的菌剂及其应用和钝化砷的方法（公开号：CN106497814A）
8	地衣芽孢杆菌剂	*Bacillus licheniformis*	重金属污染的土壤或废水的生物修复	7天内对土壤中镉、砷、铅、汞和铬的钝化率分别达77.85%、59.69%、57.28%、76.52%和67.54%	未商用	专利：地衣芽孢杆菌和菌剂及它们的应用和钝化重金属的方法（公开号：CN106493167A）
9	花园伯克霍尔德氏菌剂	*Burkholderia anthina*	铬污染的土壤或含铬废水的生物修复	20天内对土壤中Cr^{6+}钝化率达54.39%～84.00%	未商用	专利：一种花园伯克霍尔德氏菌、含有该菌的菌剂及其应用和钝化铬的方法（公开号：CN106497815A）
10	微生物菌剂	*Acidiphiliumcryptum*：*Candida rugosa*：*Acetobacter diazotrophicus*：*Rhodotorulaglutinis*：*Pseudomonas aeruginosa* 为1.5～2：1.5～2：2～2.5：2.5～3：1～1.5	原位转化治理镉污染土壤，提高镉形态转化效率	土壤镉转化率30.1%～50.6%	未商用	专利：一种能原位转化治理镉污染耕地的微生物菌剂的施用方法（公开号：CN107099298A）
11	重金属去除微生物菌剂	*Bacillus licheniformis*、*Bacillus laterosporus*	去除污泥中重金属	30天内去除污泥中80%～90%重金属含量	未商用	专利：一种去除重金属的微生物菌剂及其制备方法和应用（公开号：CN107244999A）

表 7.3 生物刺激剂（添加剂）

编号	产品名称	核心配方	适用范围	功能效果	产业化情况	来源
1	植物油	经特殊乳化处理的植物油	适用于三氯乙烯等污染物的原位厌氧修复	小油滴颗粒可以均匀地分布到污染羽中，污染物降解明显	已产业化应用	加拿大安大略省巴里市三氯乙烯污染土壤及地下水原位厌氧修复项目
2	生物修复制剂	含 80%～95%的可乳化的 C4-C22 植物油和 5%～20%的选自下组的乳化剂	适用用于土壤和地下水原位生物修复	极大地增强土著微生物的修复性能	—	专利：一种用于土壤和地下水生物修复制剂（专利号：US20150076398）
3	强化微生物修复添加剂	弱酸铁铵盐	适用于强化微生物修复氯代烃污染土壤及地下水	增强微生物对氯代烃污染物的降解能力	—	专利：一种强化微生物原位修复氯代烃污染地下水的方法（公开号：CN105753178A）

表 7.4 微生物修复技术专用装备名录

编号	设备名称	适用范围	设备构成	产业化情况	来源
1	典型生物泥浆反应器	用于处理石油烃、多环芳烃等有机污染土壤修复	主要由曝气及加药系统、泥浆反应釜和沉淀池三部分构成	相关配套设施已能够成套化生产	国外多家公司已可供应规模化的生物泥浆反应器，国内应用不多
2	典型生物堆修复系统	用于石油烃等易生物降解污染土壤的异位修复	生物堆主要由土壤堆体、抽气系统、营养水分调配系统、渗滤液收集处理系统以及在线监测系统组成	相关配套设施已能够成套化生产	该技术成熟，美国国家环境保护局等机构已制定并发布了本技术的工程设计手册
3	生物堆的强化修复装置	用于强化生物堆法修复有机污染土壤	该装置主要包括渗滤液往复调配系统、供电系统和电解质养分补给系统三部分组成	未商用	专利：一种用于生物堆的强化修复方法和装置（公开号：CN108480385A）

7.7 技 术 案 例

从20世纪80年代起，欧美等发达国家或地区已将微生物修复技术陆续应用于地下储油罐污染地、原油污染海湾、石油泄漏污染地及其废弃物堆置场，含氯溶剂、苯、菲等多种有机物污染场地的生物修复，并取得了相当的成功。而我国微生物修复技术起步较晚，实际应用的工程案例并不多。本节列举三个国内外典型案例对微生物修复技术应用情况、技术工艺、效果和成本方面进行详细说明。

7.7.1 三氯乙烯污染场地土壤和地下水修复

1. 场地概况

该案例中污染场地位于加拿大安大略省巴里市。该区域曾经是一座化工厂，由于厂房内储藏堆砌的化工产品及其他原材料发生泄漏、残留，造成该场地土壤和地下水发生严重的三氯乙烯（TCE）及其副产物污染。通过地下水取样检测及相关模拟估算出污染羽大小约为825m^2，土壤及地下水中的主要污染物为三氯乙烯。整个项目实施周期为17个月，工程预算约为63.2万元。要求污染场地土壤及地下水修复后要达到安大略省工业用地标准。

2. 技术工艺

经调查，该污染区域地层以黏土为主，在地下极易形成厌氧环境，为了有效地去除此污染区域的三氯乙烯及其副产物，同时不干扰建筑施工，项目中采用原位厌氧生物修复方案，该方案仅需较少的工程或设备，可确保实现最小的生态干扰。同时为了实现高效的生物处理效果，项目采用直推注入技术，将特制的乳化植物油定点定量地注入地下污染羽中。注射点之间间隔为3～4m，成网格状排布，可将污染羽完全覆盖。注射过程大约持续7天。

3. 效果评估

植物油具有高效地释放氢离子的能力，可以持续为三氯乙烯及其副产物的生物还原反应提供电子，从而显著增强并加速有机污染物的生物降解过程。经检测，土壤及地下水中的三氯乙烯以及以副产物的浓度有了明显的降低并且其含量均达到了安大略省商业用地标准。修复总投资63.2万元，技术成本约为766

元/m^2，修复效果优异。

4. 评价总结

该项目的难点在于它的项目周期较短以及项目经费有限，采用异位修复会耗费高昂的处理费用并占用大片土地，使用化学氧化法也可能伴随着潜在的二次污染问题，而项目采用的厌氧原位生物修复技术具有高效、低成本以及环境友好等优势，是处理此类污染的最佳选择。

7.7.2 加利福尼亚州 NBVC 地下储罐场地修复

1. 场地概况

该案例中污染场地位于美国加利福尼亚州文图拉县海军基地。该区域海军交流服务站场内地下储罐泄漏导致土壤与地下水污染，形成 5000ft 长 500ft 宽的甲基叔丁基醚和苯系物（MTBE-BTEX）的复合污染羽。污染源区周边土壤地下水存在 MTBE、BTEX 和 TBA 污染，浓度范围分别在 1000～10000μg/L、1000μg/L 和 1000μg/L 左右。整个项目修复周期为 2000 年 9 月～2002 年 12 月，修复目标要求地下水中各污染物浓度小于 10μg/L。

2. 技术工艺

该项目采用原位生物反应墙技术（以可渗透性反应墙为载体，联用生物刺激和生物强化法）对土壤和地下水中三种有机污染物进行处理。即沿 MTBE-BTEX 复合污染羽的污染源区下方向安装一套约 152m 的生物反应墙，反应墙结构包含两套不同的生物强化区块（充氧并包埋两套 MTBE 降解培养基）和两类生物刺激区块（一种为曝气式，另一种为充氧式）。2000 年 9 月开始启动生物刺激，2000 年 12 月开始启动生物强化。

3. 效果评估

整个项目生物反应墙安装费用约 30.7 万美元，每年的运行与维护费用约为 7.7 万美元。而修复过程中仅采用 3 个月的生物强化即可将 TBA 浓度降低至修复目标值以下；在 7 个月内将 MTBE 浓度降至 10μg/L 的修复目标值以下。生物反应墙系统在 2002 年 3 月将 TBA 浓度降至修复目标值。

4. 评价总结

项目的成功经验表明单独生物刺激（仅曝气）在进水 MTBE、TBA 浓度高达 1000μg/L 时取得了成功，可成为某些类似场地清理的一种可行选择。同时原位生物反应墙系统也是实现生物刺激和生物强化的一种很好的技术应用方式。

7.7.3 国内某化工园区苯胺污染场地修复

1. 场地概况

该案例中污染场地原是一片化工园区，2010 年被用作地铁线施工场地而进行调查评估与修复工作。该化工园区污染土壤存量约为 49920m^3，污染以苯胺为主，最大检出浓度为 5.2mg/kg。苯胺饱和蒸汽压为 0.3，辛醇-水分配系数为 0.9，具备一定的挥发性，能在负压抽提下部分通过挥发而去除。同时，研究表明，其在好氧条件下的生物降解半衰期为 5～25 天，降解性能较好。污染土壤以中砂为主，有机质含量相对较低，污染物“拖尾”效应较弱，其通气性能较好，本征渗透系数达到 10^{-6}cm^2，有利于氧气的均匀传递。

2. 技术工艺

为满足项目施工进度及项目建设施工方案的要求，这部分污染土壤采用异位处理使苯胺浓度小于 4mg/kg。同时，考虑到污染较轻，污染物的挥发性和生物易降解性，以及土壤有机质含量低、渗透性较好及修复成本等因素，选定批次处理能力大、设备成熟、运行管理简单、无二次污染且修复成本相对较低的生物堆技术（图 7.3）。该项目采用模块化设计，单个批次总共建设 3 个堆体，批次处理能力为 10000m^3，每个堆体配置独立的抽气控制设备进行控制，每个堆体的设计处理时间为 1.5 个月。

图 7.3 生物堆工程

3. 效果评估

该项目包含建设施工投资、设备投资、运行管理费用的处理成本约 350

元/m^3。所有 49920m^3 污染土壤中苯胺的浓度均降低至修复目标 4.0mg/kg 以下，满足修复要求并通过环保局的修复验收。

4. 评价总结

该项目的特点在于它的污染物浓度低、项目周期较短，项目方要求异位修复，而项目采用的生物堆技术完全符合要求，是处理此类污染的最佳选择。而且本技术在国内外发展已比较成熟，相关核心设备已能够完全国产化，特别适用于石油烃等易生物降解的有机污染土壤。

7.8 技术发展趋势

微生物修复技术是近年来我国污染土壤修复研究的热点，具有其他物理、化学等修复方法所不具备的高效、经济、生态可承受等独特优势，已经成为我国当前乃至今后土壤修复领域的重要发展方向，是最具发展潜力和应用前景的绿色修复技术。

近年来，在高效降解菌株的筛选、微生物降解途径和代谢机理、微生物修复工艺技术以及联合修复等基础研究和应用方面获取一定成果，尤其国外在石油、农药等有机污染场地修复方面取得了相当的成功。但也存在一些问题，如环境对微生物的变异作用，引入外源微生物的原则与条件，修复过程中次生污染、修复技术的高效利用和环境因子调控等问题有待解决。尤其在我国，微生物修复技术研究很多，但投入实际工程应用较少。因而未来微生生物修复技术需要突破应用的局限，多途径、多方法选育高效修复微生物菌株；研究突破微生物修复基础理论；开发成套化微生物修复新技术、新工艺、新装备；研发微生物修复的联合化或组合式修复技术等，构建出一套合理可行的污染场地修复技术工艺，实现微生物修复技术的污染场地工程应用。总之，随着相关理论、技术及设备的不断完善和成熟，微生物修复技术势必能够大规模应用于污染场地土壤的修复。

参考文献

党政，代群威，赵玉连，等. 2018. 生物矿化在重金属污染治理领域的研究进展. 环境科学研究，31（7）：1182-1190.

谷春豪，许怀凤，仇广乐. 2013. 汞的微生物去甲基化与甲基化机理研究进展. 环境化学，32（6）：926-936.

胡海燕，顾宝华，冯新斌. 2013. S12-09 厌氧微生物对汞的氧化、还原和甲基化作用. 贵阳：第七届全国环境化学大会摘要集.

刘志培，刘双江. 2015. 我国污染土壤生物修复技术的发展及现状. 生物工程学报，31（6）：901-916.

石扬，陈沅江. 2017. 我国污染土壤生物修复技术研究现状及发展展望. 世界科技研究与发展，（1）：27-35.

宋红波，范辉琼，杨柳燕，等. 2005. 砷污染土壤生物挥发的研究. 环境科学研究，（1）：61-63.

滕应，骆永明，李振高. 2007. 污染土壤的微生物修复原理与技术进展. 土壤，39（4）：497-502.

王春霞，朱利中，江桂斌. 2011. 环境化学学科前沿与展望. 北京：科学出版社.

吴剑，杨柳燕，肖琳. 2005. 微生物挥发砷影响因素研究. 厦门：第三届全国环境化学学术大会论文集.

张运林，杨龙元，秦伯强，等. 2008. 太湖北部湖区 COD 浓度空间分布及与其他要素的相关性研究. 环境化学，29（6）：1457-1462.

赵煜坤，廖海丰，陈一楠，等. 2011. 六六六，滴滴涕污染土壤的微生物修复作用研究. 江苏农业科学，39（2）：463-465.

Achal V，Pan X，Fu Q，et al. 2012. Biomineralization based remediation of As（Ⅲ）contaminated soil by Sporosarcina ginsengisoli. Journal of Hazardous Materials，201：178-184.

Adams G O，Fufeyin P T，Okoro S E，et al. 2015. Bioremediation，biostimulation and bioaugmention：a review. International Journal of Environmental Bioremediation & Biodegradation，3（1）：28-39.

Akins M B，Lewis R J. 1976. Chemical distribution and gaseous evolution of arsenic-74 added to soils as DSMA74-As. Soil Science Society of America Journal，40：655-658.

Alvarez A，Saez J M，Costa J S D，et al. 2017. Actinobacteria：current research and perspectives for bioremediation of pesticides and heavy metals. Chemosphere，166：41-62.

Ayansina A，Olubukola B . 2017. A new strategy for heavy metal polluted environments：a review of microbial biosorbents. International Journal of Environmental Research and Public Health，14（1）：94.

Aydin S，Karaçay H A，Shahi A，et al. 2017. Aerobic and anaerobic fungal metabolism and omics insights for increasing polycyclic aromatic hydrocarbons biodegradation. Fungal Biology Reviews，31（2）：61-72.

Bea W，Mulchandani A，Chen W. 2002. Cell surface display of synthetic phytochelatins using nucleation protein for enhanced heavy metal bioaccumulation. Journal of Inorganic Biochemisty，88（2）：223-227.

Coleman N V，Nelson D R，Duxbury T. 1998. Aerobic biodegradation of hexahydro-1,3,5-trinitro-1,3,5-triazine（rdx）as a nitrogen source by a rhodococcus sp. strain dn22. Soil Biology & Biochemistry，30（8-9）：1159-1167.

Duque E，Marqués S，Ramos J L. 1993. Mineralization of p-methyl-^{14}C-benzoate in soils by Pseudomonas putida（pWW0）. Microbial Releases：Viruses，Bacteria，Fungi，2（3）：175-177.

Fantroussi S E，Agathos S N. 2005. Is bioaugmentation a feasible strategy for pollutant removal and site remediation? Curr Opin Microbiol，8（3）：268-275.

Fava F，Berselli S，Conte P，et al. 2004. Effects of humic substances and soya lecithin on the aerobic bioremediation of a soil historically contaminated by polycyclic aromatic hydrocarbons（PAHs）. Biotechnol Bioeng，88（2）：214-223.

Garbisu C，Alkorta I . 2003. Basic concepts on heavy metal soil bioremediation. European Journal of Mineral Processing & Environmental Protectio，3（1）：58-66.

Gaur N，Narasimhulu K，PydiSetty Y. 2018. Recent advances in the bio-remediation of persistent organic pollutants and its effect on environment. Journal of Cleaner Production，198：1602-1631.

Ghosal D，Ghosh S，Dutta T K，et al. 2016. Current state of knowledge in microbial degradation of polycyclic aromatic hydrocarbons（PAHs）：a review. Frontiers in Microbiology，7（386）：1369.

Haritash A K，Kaushik C P. 2009. Biodegradation aspects of polycyclic aromatic hydrocarbons（PAHs）：a review. Journal of Hazardous Materials，169（1-3）：1-15.

Jiang W，Fan W . 2010. Bioremediation of heavy metal-contaminated soils by sulfate-reducing bacteria. Annals of the New York Academy of Sciences，1140（1）：446-454.

Kuppusamy S，Thavamani P，Venkateswarlu K，et al. 2017. Remediation approaches for polycyclic aromatic hydrocarbons（PAHs）contaminated soils：technological constraints，emerging trends and future directions. Chemosphere，168：944-968.

Li M，Cheng X，Guo H. 2013. Heavy metal removal by biomineralization of urease producing bacteria isolated from soil. International Biodeterioration & Biodegradation，76（1）：81-85.

Li Q，Yang Z，Chai L，et al. 2013. Optimization of Cr（Ⅵ）bioremediation in contaminated soil using indigenous bacteria. Journal of Central South University，20（2）：480-487.

Man B G，Suk T C. 2001. Soil biosensor for the detection of PAH toxicity using an immobilized recombinant bacterium and a biosurfactant. Biosensors and Bioelectronics，16（9-12）：667-674.

Nejidat A，Kafka L，Tekoah Y. 2008. Effect of organic and inorganic nitrogenous compounds on rdx degradation and cytochrome p-450 expression in rhodococcus strain yh1. Biodegradation，19

（3），313-320.

Patel V，Patel J，Madamwar D. 2013. Biodegradation of phenanthrene in bioaugmented microcosm by consortium ASP developed from coastal sediment of Alang-Sosiya ship breaking yard. Marine Pollution Bulletin，74（1）：199-207.

Pi Y，Xu N，Bao M，et al. 2015. Bioremediation of the oil spill polluted marine intertidal zone and its toxicity effect on microalgae. Environmental Science：Processes & Impacts，17（4）：877-885.

Pratush A，Kumar A，Hu Z. 2018. Adverse effect of heavy metals（As，Pb，Hg，and Cr）on health and their bioremediation strategies：a review. International Microbiology，21：97-106.

Rittmann B E，Hausner M，Loffler F，et al. 2006. A vista for microbial ecology and environmental biotechnology. Environmental Science & Technology，40（4）：1096-1103.

Santana M S，Sandrini N L，Neto F F，et al. 2018. Biomarker responses in fish exposed to polycyclic aromatic hydrocarbons（PAHs）：systematic review and meta-analysis. Environmental Pollution，242：449-461.

Seth S H M B，Rosser S J，Basran A，et al. 2002. Cloning，sequencing，and characterization of the hexahydro-1,3,5-trinitro-1,3,5-triazine degradation gene cluster from Rhodococcus rhodochrous. Applied and Environmental Microbiology，68（10）：4764-4771.

Singh A，Parmar N，Kuhad R C. 2011. Bioaugmentation，Biostimulation and Biocontrol. Berlin：Springer Heidelberg.

Stroo H F，Leeson A，Ward C H. 2013. Bioaugmentation for Groundwater Remediation. Springer Science：New York，141-169.

Takeuchi H，Kawahata P，Gupta L，et al. 2007. Arsenic resistance and removal by marine and non-marine bacteria. Journal of Biotechnol，127（3）：434-442.

Teng Z，Shao W，Zhang K，et al. 2019. Characterization of phosphate solubilizing bacteria isolated from heavy metal contaminated soils and their potential for lead immobilization. Journal of Environmental Management，231：189-197.

van Dillewijn P，Caballero A，Paz J A，et al. 2007. Bioremediation of 2,4,6-trinitrotoluene under field conditions. Environmental Science & Technology，41（4）：1378-1383.

Weber W J，Huang W A. 1996. Distributed reactivity model for sorption by soils and sediments. 4. intraparticle heterogeneity and phase distribution relationships under nonequilibrium conditions. Environmental Science & Technology，30（3）：881-888.

Wiatrowski H A，Ward P M，Barkay T. 2006. Novel reducing of mercury（Ⅱ）by mercury-sensitive dissimilatory metal reducing bacteria. Environmental Science & Technology，40（21）：6690-6696.

Xu G L，Liu H，Li M J，et al. 2016. In situ bioremediation of crude oil contaminated site：a case study in Jianghan oil field，China. Petroleum Science and Technology，34（1）：63-70.

Yang J，Pan X，Zhao C，et al. 2016. Bioimmobilization of heavy metals in acidic copper mine tailings soil. Geomicrobiology Journal，33（3-4）：261-266.

Yong Y C，Zhong J J. 2010. Recent advances in biodegradation in China：New microorganisms and pathways，biodegradation engineering，and bioenergy from pollutant biodegradation. Process Biochemistry，45（12）：1937-1943.

第8章　其他土壤修复技术

除上述经典的修复技术外，部分新兴修复技术在工业污染场地修复领域也表现出极高的应用前景。这类修复技术多以高效、经济、绿色为准则，旨在保证修复效率的前提下，进一步降低修复成本，缩短修复周期，减少二次污染，为污染场地修复提供了新的方向。

8.1　电 动 修 复

8.1.1　技术概述

电动修复技术是一种新型而有效的物理修复方法，在污染场地土壤修复领域具有良好的应用前景。电动修复技术的基本原理如图 8.1 所示，插入土壤中的电极通电后，在土壤中形成直流电场，使得污染物在直流电场作用下，通过电迁移、电渗流、电泳及电解等途径，迁移至两端电极，从而达到去除土壤中污染物的目的。其中，电迁移是指在电场作用下，带电离子型污染物向带相反电荷电极移动的现象，在电动修复过程中，电迁移相比其他迁移机制快一到两个数量级，大部分重金属通过这一途径从土壤中去除（Kuppusamy et al.，2017）。电渗流是土壤孔隙水因所带双电层与电场的作用下，所做的相对于带电土壤表层的移动，这一途径为有机物的由土壤迁移至两端电极提供了驱动力（Reddy et al.，2006）。电泳主要影响带电粒子或胶体在土壤中的迁移（Yao，2012）。电解则主要是在电极处发生的水解反应（Chen and Murdoch，1999）：

阳极：$2H_2O \longrightarrow 4H^+ + O_2$（g）$+4e^-$

阴极：$2H_2O + 2e^- \longrightarrow 2OH^- + H_2$（g）

这一反应使得阳极土壤 pH 降低，有利于金属阳离子从土壤相中解吸；相反，阴极 pH 升高，有利于重金属形成氢氧化物或羟基氧化物沉淀，从而在土壤中固定。

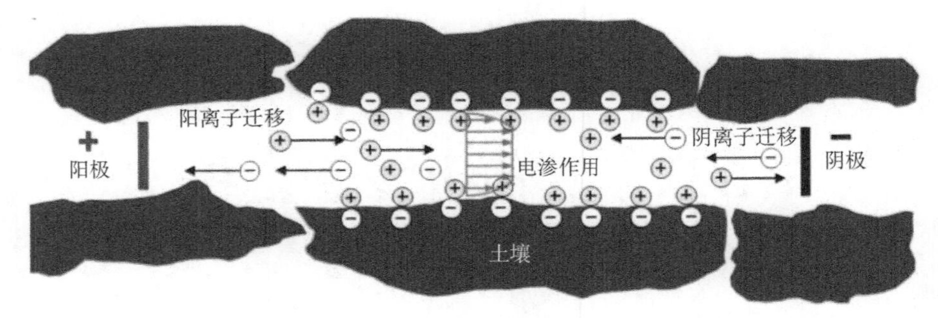

图 8.1 电动修复技术原理示意图（Gong et al.，2018）

8.1.2 技术适用范围与优缺点

电动修复技术优点在于可用于低渗透性土壤，修复区域可精准控制，同时去除多种污染物，并且在修复过程中不会造成二次污染。其缺点在于对电极材料要求较高、能耗较大等。电动修复技术特别适用于低渗透性土壤（如黏土、淤泥等）和异质土壤的修复，不适用于含水率过低的土壤。有报道指出，当土壤含水率低于 10%时，电动修复技术的处理效果将大大降低，同时可能产生包括氯气、三氯甲烷在内的有毒有害副产物（蒋小红等，2006）。

8.1.3 技术影响因素

电动修复污染土壤影响因素主要有土壤性质、电压梯度、电极材料、两极 pH 等。

1. 土壤性质

电动修复的应用不受限于低渗透性土壤，所以对高岭土、砂土、黏土等多种类型土壤均可用。但土壤性质如矿物组成、缓冲能力等在很大程度上影响污染物传输率。土壤的高含水率和低离子强度为电渗透和污染物迁移的最有利条件（Probstein，2005）。当土壤塑性值超过 35 时，修复过程中土壤会过度收缩，导致土壤龟裂而扰乱污染物去除机制（López-Vizcaíno et al.，2016）。

2. 电压梯度

实验室小试研究使用的电压强度范围在 1～3V/cm（Ammami et al.，2015）。高电流水平使反应总离子浓度增加，提高了电动修复过程中离子电迁移效率，但会降低整体电渗流量并放出大量的热，带来能源消耗和成本问题。适宜的电压梯度取决于土壤的电化学性能，适当选择电压梯度应基于土壤性质、电极间距和时间要求。

3. 电极材料

传统电极材料有石墨、铁、铂、钛铱合金等，极板上附着碳纳米管的新型电极材料对土壤重金属污染治理也是可行的（Yuan et al.，2016）。在分析处理污染土壤时，电极材料的选用要考虑在反应系统的电流密度下，电极材料的承受能力以及阳极的耐酸腐蚀性（Méndez et al.，2012）。此外，电极制造成本问题也是影响大规模污染场地修复的关键因素（仓龙和周东美，2011）。

4. 两极 pH

两极 pH 控制在适宜范围可有效提高电动修复效率。阳极在反应时不断产生 H^+，为避免土壤酸化（金芬，2015）及阳极腐蚀，需控制 pH 下限；阴极产生的 OH^-会改变重金属的存在形态，导致污染物去除效果降低。两极 pH 也会影响土壤 pH，关系着电渗流的方向，这与电动修复效果密切相关（侯隽等，2017）。

8.1.4　技术前沿进展

电动修复技术兴起于 20 世纪 80 年代，最早用于重金属污染土壤的修复，自 20 世纪 90 年代起开始逐渐用于有机污染土壤的修复。中国、美国、英国等多个国家也相继开展了土壤电动修复技术相关的基础和应用性研究，相关论文及专利发表呈逐年上升趋势。目前，电动修复技术研究热点之一为对修复技术的工艺优化的研究。Jeon 等（2015）将 EDTA 作为电解液，通过原位电动修复受 Pb 和 Cu 污染的水稻土，修复 24 周后，土壤中的 Pb 和 Cu 含量分别降低 46.6%和 40.3%。Ammami 等（2015）使用柠檬酸作为电解液，对有机和重金属复合污染土壤中的多环芳烃、Cd、Pb 和 Zn 的去除效率达 54.4%、38.6%、33.4%和 51.6%。此外电动修复装置，如升流式装置、电极排布、电解液循环等也在不断创新中（侯隽等，2017）。

电动修复技术与其他土壤修复技术联用也是当前的研究热点之一。由于大部分土壤污染物解吸能力低，迁移性差，因此单一电动修复效率不高。通过与其他修复技术联用，可有效提高电动修复技术的修复效率。表 8.1 总结了近年来电动修复技术与其他修复技术联用的相关研究。电动-淋洗修复技术是常见的联合修复技术之一。表面活性剂（如吐温 80、鼠李糖脂等）和络合剂（EDTA、柠檬酸等）等常被用于电动修复技术中（Fu et al.，2017；Bahemmat et al.，2016；Ammami et al.，2015），以增强土壤中污染物的流动性，提高修复效率。如 Alcántara 等（2012）使用吐温 80 和 EDTA 与电动修复联合作用于污染土壤，30d

后对土壤中 Pb 和菲的去除效率分别达 95.1%和 93.3%。此外，电动修复技术还可与化学氧化联用，增强氧化剂在土壤中的传质作用（Cameselle and Gouveia，2018）。与植物修复技术联用，刺激植物的生长及对土壤中污染物的吸收（Chirakkara et al.，2016）。与微生物修复技术联用，通过电流热效应和电极反应，促进微生物对污染物的降解（Barba et al.，2018）等。

表 8.1　电动修复与其他修复技术联用修复不同土壤污染物研究

技术	污染物	结果	参考文献
电动-淋洗联合	正十六烷、蒽	10d 内对正十六烷和蒽的去除效率分别为 70%和 60%	Boulakradeche et al.，2015
电动-淋洗联合	疏水性有机物（HOCs）	吐温 80 存在条件下，HOCs 去除效率达 30%～95%	Cheng et al.，2017
电动-化学氧化联合	芘、铜	电动与氧化剂 H_2O_2 联合作用，对土壤中芘和 CU 的去除效率分别为 43%和 69%，电动与氧化剂 $KMNO_4$ 联合作用为 52%和 8%	Cang et al.，2013
电动-化学氧化联合	多氯联苯	电场作用下，过硫酸盐传输效率增加，阴极过硫酸盐被碱活化，最终土壤中 40%多氯联苯被去除	Fan et al.，2016
电动-植物联合	铬、镉、菲	电动条件下，黑麦草种子发芽率提高 75%，土壤重金属和菲去除效率略微增加	Acosta et al.，2017

8.1.5　小结

电动修复技术特别适用于小范围、污染重且要求快速处理的复合型污染场地。然而，当前针对电动修复技术的研究仍局限于室内试验或中试规模的试验，少有关于实际污染场地的修复研究。因此，要进一步提高电动修复技术的实用性，仍需要进行现场修复实践，重点关注修复现场电动修复设备研发、含污染物的电解液处理和回收利用以及场地水文地质和土壤理化性质对电动修复效率的影响等。总的来说，电动修复技术作为少有的几个能够同时处理多种污染物的污染场地修复技术之一，具有广阔的应用前景。

8.2　超声波修复

8.2.1　技术概述

超声波修复技术是利用超声空化现象产生的机械效应、热效应和化学效应去除土壤中污染物的一种污染场地修复技术。其作用机制如图 8.2 所示，土壤中孔隙水受到一定强度的超声波作用后，存于孔隙水中的微气泡在声场作用下振动、生长、收缩或破裂等一系列动力学过程，整个过程发生的时间极短（ns~μs），声场能力被高度集中于极小的空化气泡内，进而产生高压、高温、冲击波、微聚变等物理、化学效应（Seidi and Yamini，2012）。一方面，空化效应可有效促进土壤中污染物的解吸和溶解（Lim et al.，2016）；另一方面，空化效应产生的极端反应可破坏污染物的化学键（Jing et al.，2018），也可通过激发水分子裂解，生成 OH、HO_2 等多种强氧化自由基，对有机污染物进行降解（Misik et al.，1995）。

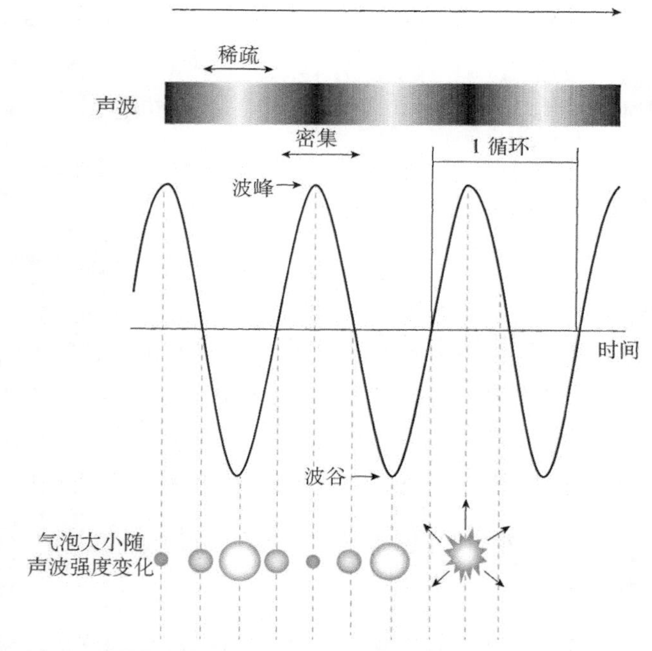

图 8.2　超声波修复技术原理示意图（Seidi and Yamini，2012）

8.2.2　技术适用范围与优缺点

超声修复技术是极具潜力的污染场地土壤修复技术，其处理工艺过程中几乎不涉及任何化学药剂，仅通过超声发生装置即可进行土壤修复过程，因此被称为“绿色科学工程技术之一”（Lim et al.，2016）。此外，技术操作简便、修复周期短、效果好等也是超声波修复技术的主要优点。然而，超声波修复技术的缺点在于设备昂贵、产生声波的能耗大及现场实施困难等。超声修复技术广泛适用于各类重金属、有机及复合污染土壤，但由于超声波修复技术主要基于孔隙水中的超声空化效应，因此对土壤含水率具有一定要求。

8.2.3 技术影响因素

影响超声波修复污染土壤的主要因素有超声波频率、超声波功率、土壤理化性质、土水比例等。

1. 超声波频率

当超声波频率过高时，声周期变短，为空化气泡生长，特别是在正压相压缩至崩溃等空化过程提供的时间就越不足，因而空化发生概率和强度就越小，气泡崩溃时产生的温度低，不利于水分解成的 OH^- 和 H^+ 降解速率降低，当超声波频率过低时气泡寿命长、气泡内部自由基有时间互相结合而失活（宋卫坤，2011）。

2. 超声波功率

超声波功率的增加，可以提高溶液中的超声波场强。与此同时，土壤颗粒表面的剪切力和溶液中有机污染物的扩散速率也随之增大（Shrestha et al.，2009）。因此，增加超声波功率可以加快吸附于土壤颗粒上有机污染物的解吸速率。此外，增加超声波功率可以增加输出至水溶液中的能量，增大超声空化效应，提高有机污染物的降解率（Lin et al.，1996）。但是超声波的功率不能无限制增加，超声波功率过大，空化气泡会在超声波的负相长得很大而形成声屏蔽，系统可利用的声场能量反而降低，有机污染物的降解速度下降。

3. 土壤理化性质

土壤颗粒的表面积越大，土壤颗粒吸附的有机污染物分子就越多；土壤颗粒粒径越小，单位质量土壤颗粒吸附的有机污染物分子就越多。而土壤颗粒的比表面积随粒径成指数变化，因此土壤颗粒粒径越小其吸附能力也就越大（刘晓艳等，2007）。同时，相比粒径较大的土壤颗粒，虽然粒径较小的土壤颗粒的孔隙率较低，毛细管力较小，但是粒径较小的土壤颗粒的黏性更大，从而会减弱超声空化效应，甚至阻止超声空化现象的发生（Feng and Aldrich，2000）。所以，总的来说，具有较小粒径分布的土壤中的有机污染物比具有较大粒径分布的土壤中的有机污染物的降解效率低。此外，土壤中的有机质含量的高低对土壤颗粒和有机污染物分子的作用有很大影响，也会影响到有机污染物的降解反应（Kim and Wang，2003）。

4. 土水比例

土水比例的增加，意味着水溶液中土壤含量的增加。溶液中土壤颗粒数量增加了辐射入溶液系统中超声波发生散射的概率，降低了溶液系统中超声波的有效声能密度（宋卫坤，2011）。同时，随着土壤含量的增加，溶液系统的黏性增大，加剧了声能在溶液系统中的衰减和黏滞损耗，致使溶液中发生空化现象困难程度加大（Wheat and Tumeo，1997）。另外，溶液系统的黏性增大，减弱了空化气泡崩溃的强度，削弱了产生的高压高温程度，不利于吸附在土壤颗粒上的有机污染物解吸附到溶液中，也不利于超声波降解溶液中的有机污染物。

8.2.4　技术前沿进展

超声波土壤修复技术最早由 Sadeghi 等（1990）报道，被用于去除砂土中的焦油。随后，Ellen 等（1995）进一步证实了超声波修复技术对土壤的修复可行性。目前，超声波修复技术已经成为土壤修复技术领域的研究热点之一。表 8.2 展示了近年来超声波修复技术的相关研究。

表 8.2　超声波修复与其他修复技术联用修复不同土壤污染物研究

污染物	操作流程	结果	参考文献
石油烃	超声频率 20khz，功率 75W，持续时间 6 min	污泥中石油烃去除效率＞60%	Hu et al.，2014
原油	超声频率 20khz，功率 66W，持续时间 10min	原油去除效率 65%	Zhang et al.，2012
柴油	超声频率 37khz，持续时间 20min	柴油污染土壤中碳氢化合物去除效率达 80%	Maceiras et al.，2018
重金属	超声波强化 EDTA 洗脱，超声功率 54%，持续时间 16min	土壤中 Cd、Cu 和 Pb 的去除效率分别为 81.6%、62.3%和 93.8%	邱琼瑶等，2014

超声波修复技术拥有官方的工业应用前景，加拿大和澳大利亚分别报告了使用 100khz 的超声在中试规模上对污染土壤的有效性（Mason et al.，2004）。Abramov 等（2013）证实了超声波从沉积物和土壤中浸出或解吸污染物的适用性。Thangavadivel 等（2011）使用低频，高功率超声波联合阴离子表面活性剂十二烷基硫酸钠（SDS）强化农药污染土壤中 DDT 的解吸，结果表明，表面活性剂浓度 0.1%、超声频率 20khz、功率 932W、温度 40℃条件下，30s 内土壤中 DDT 解吸超过 80%。He 等（2011）通过实验证实了超声波和生物修复技术联用，修复汞污染土壤的潜力。Flores 等（2007）也提出了将超声波与化学氧化联合用于降解污染土壤中的碳氢化合物，指出 2 天内超声波-化学氧化联合修复技术可

去除 92%和 87%的甲苯和二甲苯。

8.2.5 小结

超声波土壤修复技术在土壤修复领域仍属于相对较新的技术，目前大多数研究仍集中于对超声波修复技术的工艺优化。目前的研究已经证实超声波修复技术是一种切实可行的污染土壤修复技术之一，但超声处理仍面临能耗过高的问题。因此，未来的研究应重点关注开发超声波发生器的能耗优化研究，以降低超声波修复技术的应用成本。此外，超声波产生的空化效应对污染物解吸及降解的机制尚未完全明晰，仍需从传质和传热角度进行机制研究，以推动超声波修复技术在污染场地修复中的应用。

8.3 等离子体修复技术

等离子体（plasma）又称电浆，是由大量原子、分子、离子及未电离的中性粒子组成的集合体，宏观上呈电中性（Fridman，2008）。等离子体修复技术是利用电离产生等离子体过程中生成的大量活性物质，与电离场中有机物质发生氧化分解反应，进而降解有机污染物的一种技术。该技术最早用于大气和水体污染的治理，近年来逐渐应用于土壤污染治理的研究中，是污染场地土壤修复技术体系中极具发展潜力的修复技术之一。

8.3.1 技术概述

等离子体可分为高温等离子体和低温等离子体，高温等离子中，电子温度、离子温度及中性粒子温度完全相等，常见于太阳等恒星内部和核聚变等；低温等离子体中，电子温度远高于离子及中性粒子温度，且电子存在时间极短，体系处于非平衡状态（Bai et al.，2009）。低温等离子体可通过气体放电的形式产生，如介质阻挡放电、电晕放电、射频放电等（Zhang et al.，2017）。等离子体土壤修复技术中采用的等离子体多为低温等离子体，其技术原理如图 8.3 所示。等离子体对有机污染土壤修复主要通过以下三个步骤进行：①等离子体放电产生大量活性物质如 O_3、H_2O_2、·OH、激发态 O、N 和 NO_x 等；②等离子体中大量的活性物质在气相和土壤孔隙中扩散，并在气-土界面之间转移；③活性物质与土壤中的有机污染物化学反应，使得土壤中的有机物污染氧化分解，从而达到清洁土壤的目的（Wang et al.，2010，2014；Aggelopoulos et al.，2015）。

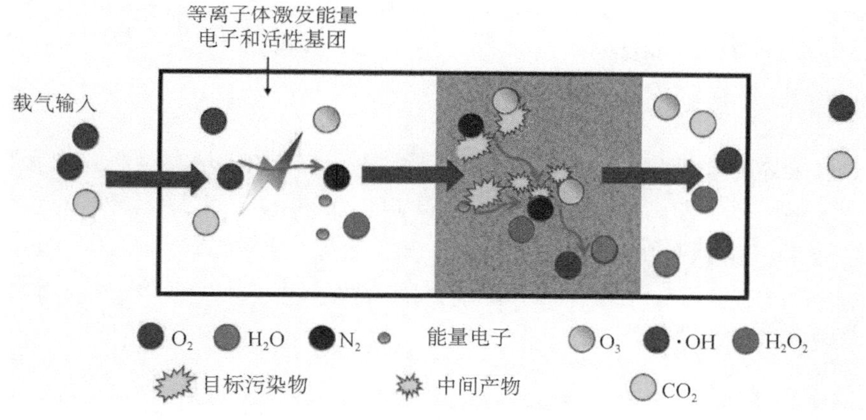

图 8.3　等离子体修复技术原理示意图（Zhang et al.，2017）

8.3.2　技术适用范围与优缺点

等离子体修复技术适用于各类有机污染土壤的修复，但不适用于重金属污染土壤的修复。首先，等离子体修复技术是通过电离产生的高能电子及各种化学活性物质降解有机污染物的修复技术，修复过程中无须加入任何化学药剂，可有效避免二次污染问题。其次，由于与污染物反应的各类活性物质主要通过电离过程产生，因此可通过控制电离反应，精准控制修复过程的启动和停止。此外，修复周期短、效率高也是等离子体土壤修复技术的优点。而等离子体修复技术的缺点则在于等离子体反应产生的活性物质不可控，反应机制尚不明确，产生的活性物质种类及丰度受环境影响较大，因此，修复技术稳定性仍存在不足。作为一种新兴的土壤修复技术，一些技术问题限制了其在实际场地的应用，如实际应用时反应堆配置的可行性、等离子体电源成本及其使用寿命等，因此要作用于实际污染场地，仍需要进一步的研究。

8.3.3　技术影响因素

此前的研究表明，等离子体土壤修复技术是一个相当复杂的过程，可能受到多种因素的影响，主要的影响因素如下。

1. 施加电压

施加的电压可以显著影响等离子体的特性，以及反应系统中能量的输入。Du 和 Ma（2015）发现将施加电压从 7.5kV 增加到 15kV 可使菲的降解效率由

31.56%提高至 99.1%。另外，增加电压还可增强热辐射和光辐射，有助于降低等离子体化学过程中能量的消耗。因此，通过优化施加的电压，可以同时获得相对较高的修复效率和能量效率。

2. 土壤理化性质

等离子体修复过程中受土壤理化性质影响较大，如土壤有机质含量和含水率。等离子体产生的高能电子和活性物质（如 O_3 和 O），可与土壤中的水分子发生反应，产生强氧化性的 OH 自由基，进而提高修复的效率。Peurrung 和 Peurrung（1997）发现，土壤湿度可显著影响土壤的电导率，影响电晕放电过程，进而影响修复效率。

3. 载气类型

在气体放电系统中，气体分子被强电场电离或通过与高能电子碰撞而离解，从而产生等离子体区域。产生活性物质的类型和数量等，均与载气类型密切相关，因此，载气可显著影响等离子体技术的修复性能。Wang 等（2010）研究了不同载气对 PCP 降解的影响，结果显示当载气为 O_2 时，PCP 的降解效率最高，达 98.6%，空气为 83.5%；而 N_2 降解效率最低，仅为 19.1%，考虑到空气易获得，因此，在实际应用中应优先选择空气作为载气。

4. 污染物及其含量

污染物的结构和浓度也是等离子体土壤修复过程中的重要参数。Aggelopoulos 等（2015）使用介质阻放电反应器修复受 NAPL 污染的土壤，结果表明，完全去除有机化合物所需时间与化合物中的碳原子数呈正相关，但与挥发性呈负相关。污染物初始浓度差异对修复效率的影响主要在于，污染物分子与活性物质的碰撞概率随着污染物浓度的降低而降低，导致降解效率降低及能力消耗的增加（Zhang et al.，2017）。

5. 其他影响因素

其他影响因素，如电介质材料、土壤厚度、反应器内压力和温度等，都会在一定程度上影响修复性能。例如，土壤厚度可显著影响放电间隙距离和土壤中活性物质的转移过程，从而影响有机物的降解效率。总的来说，等离子体土壤修复技术的研究刚刚开始，对上述影响因素的研究有限，仍需要进一步研究，以实现等离子体修复技术的实际应用。

8.3.4　技术前沿进展

等离子体被认为是物质的第四形态，“plasma”一词最早出现于 1928 年，Langmuir（1928）用它表示电子和离子群组成的近似电中性的电离气体。20 世纪 70 年代中期，美国、法国、日本、波兰、苏联等国开始致力于低温等离子体技术方面的研究，并于 90 年代中期开发了一系列工业等离子体设备用以处理羊毛织物，来提高其复合的黏结力、上染率和色牢度。

等离子体修复技术最早用于污水和废气中污染物的治理。如 1987 年，Clements 等（1987）首次将高压脉冲放电等离子体技术直接作用于水污染的治理中；Yamamoto 等（1992）最先将脉冲放电等离子体技术应用于有机废气二氯甲烷的治理。水体和大气中等离子体修复技术经过数十年的研究，已经取得了相当的进展，然而等离子体修复技术在污染土壤修复方面的研究尚处于起步阶段。土壤等离子体修复技术最早可追溯到 1997 年，Peurrung 研究了电晕在土壤中的传播行为（Peurrung and Peurrung，1997）。然而，直到 2010 年，才首次出现了等离子体修复技术应用于污染土壤中的相关报道。

首个等离子体修复技术治理污染土壤的研究由 Redolfi 等（2010）进行，他们评估了介质阻挡放电等离子体修复技术对土壤基质中煤油成分的降解，结果表明，土壤中总煤油成分去除率高达 90%，去除机理被认定为土壤基质中煤油的氧化。自此之后，土壤等离子体修复技术逐渐得到了人们的关注，并进行了广泛的研究。表 8.3 总结了近年来土壤等离子体修复技术的相关文献报道。

表 8.3　土壤等离子体修复技术对不同污染物的修复性能

污染物	操作流程	结果	参考文献
正烷烃	介质阻挡放电，持续时间 93min	对 100g/kg 的正烷烃去除效率为 84%	Aggelopoulos et al.，2015
多氯联苯	介质阻挡放电，持续时间 90min	对 17.8mg/kg 的多氯联苯去除效率为 84.6%	Li et al.，2014
芘	电晕放电，持续时间 60min	对 100mg/kg 的芘去除效率为 87.9%	Geng et al.，2015
硝基苯酚	电晕放电，持续时间 45min	对 300mg/kg 的硝基苯酚去除效率为 99.2%	Wang et al.，2014
菲	滑动弧放电，持续时间 25min	对 200mg/kg 的菲去除效率为 99.1%	Du and Ma，2015

8.3.5 小结

截至目前，等离子体修复技术已经被应用于石油烃、多环芳烃、多氯联苯类、苯酚类等多种类型的污染土壤中，并取得了良好的修复效果，同时也在实验室尺度上研发了各类等离子体发生装置，表现出了极具前途的应用前景。但该技术仍处于起步阶段，其修复机制尚不明确，实际应用研究较少。土壤等离子体修复技术仍需要从以下几个方面开展进一步的研究：①提高等离子体与目标污染物母体分子之间相互作用的认识；②阐明等离子体修复技术降解污染物的化学机理；③加快等离子体修复技术设备研发，推动技术产业化进程。

参 考 文 献

仓龙，周东美. 2011. 场地环境污染的电动修复技术研究现状与趋势. 环境监测管理与技术，23（3）：57-62.

侯隽，樊丽，周明远，等. 2017. 电动及其联用技术修复复合污染土壤的研究现状. 环境工程，35（7）：185-189.

蒋小红，喻文熙，江家华，等. 2006. 污染土壤的物理/化学修复. 环境污染与防治，28（3）：210-214.

金芬. 2015. 电场强化复合微生物菌种修复油污土壤的研究. 西安：西安工程大学.

刘晓艳，李英丽，朱谦雅，等. 2007. 石油类污染物在土壤中的吸附/解吸机理研究及展望. 矿物岩石地球化学通报，（1）：82-87.

邱琼瑶，周航，邓贵友，等. 2014. 污染土壤中重金属的超声波强化 EDTA 洗脱及形态变化. 环境科学学报，34（9）：2392-2397.

宋卫坤. 2011. 超声波修复多环芳烃污染土壤的研究. 北京：华北电力大学.

Abramov V O，Mullakaev M S，Abramova A V，et al. 2013. Ultrasonic technology for enhanced oil recovery from failing oil wells and the equipment for its implemention. Ultrasonics Sonochemistry，20（5）：1289-1295.

Acosta S G，Cameselle C，Bustos E. 2017. Electrokinetic–enhanced ryegrass cultures in soils polluted with organic and inorganic compounds. Environmental Research，158：118-125.

Aggelopoulos C A，Svarnas P，Klapa M I，et al. 2015. Dielectric barrier discharge plasma used as a means for the remediation of soils contaminated by non-aqueous phase liquids. Chemical Engineering Journal，270：428-436.

Aggelopoulos C A，Tsakiroglou C D，Ognier S，et al. 2015. Non-aqueous phase liquid-contaminated soil remediation by ex situ dielectric barrier discharge plasma. International Journal of Environmental Science and Technology，12（3）：1011-1020.

Alcántara M T，Gómez J，Pazos M，et al. 2012. Electrokinetic remediation of lead and phenanthrene polluted soils. Geoderma，173：128-133.

Ammami M T，Portet K F，Benamar A，et al. 2015. Application of biosurfactants and periodic voltage gradient for enhanced electrokinetic remediation of metals and PAHs in dredged marine sediments. Chemosphere，125：1-8.

Bahemmat M，Farahbakhsh M，Kianirad M. 2016. Humic substances-enhanced electroremediation of heavy metals contaminated soil. Journal of Hazardous Materials，312：307-318.

Bai Y，Chen J，Li X，et al. 2009. Non-thermal plasmas chemistry as a tool for environmental pollutants abatement//Whitacre D. Reviews of Environmental Contamination and Toxicology Vol 201. Boston：Springer.

Barba S，López-Vizcaíno R，Saez C，et al. 2018. Electro-bioremediation at the prototype scale：what it should be learned for the scale-up. Chemical Engineering Journal，334：2030-2038.

Boulakradeche M O，Akretche D E，Cameselle C，et al. 2015. Enhanced electrokinetic remediation of hydrophobic organics contaminated soils by the combination of non-ionic and ionic surfactants. Electrochimica Acta，174：1057-1066.

Cameselle C，Gouveia S. 2018. Electrokinetic remediation for the removal of organic contaminants in soils. Current Opinion in Electrochemistry，11：41-47.

Cang L，Fan G P，Zhou D M，et al. 2013. Enhanced-electrokinetic remediation of copper-pyrene co-contaminated soil with different oxidants and pH control. Chemosphere，90（8）：2326-2331.

Chen J L，Murdoch L. 1999. Effects of electroosmosis on natural soil：field test. Journal of Geotechnical and Geoenvironmental Engineering，125（12）：1090-1098.

Cheng M，Zeng G，Huang D，et al. 2017. Advantages and challenges of Tween 80 surfactant-enhanced technologies for the remediation of soils contaminated with hydrophobic organic compounds. Chemical Engineering Journal，314：98-113.

Chirakkara R A，Cameselle C，Reddy K R. 2016. Assessing the applicability of phytoremediation of soils with mixed organic and heavy metal contaminants. Reviews in Environmental Science and Bio/Technology，15（2）：299-326.

Clements J S，Sato M，Davis R H. 1987. Preliminary investigation of prebreakdown phenomena and chemical reactions using a pulsed high-voltage discharge in water. IEEE Transactions on Industry Applications，（2）：224-235.

Du C M，Ma D Y. 2015. Remediation of PAHs contaminated soil using a non-thermal arc（gliding arc）fluidized bed reactor. Proceedings of the 2015 Chinese Society for Environmental Sciences Annual Conference，vol. 1，Shenzhen，China.

Ellen T V，Lansink C J E，Sändker J E. 1995. Acoustic soil remediation：Introduction of a new concept. Contaminated Soil’95. Dordrecht：Springer.

Fan G，Cang L，Gomes H I，et al. 2016. Electrokinetic delivery of persulfate to remediate PCBs polluted soils：effect of different activation methods. Chemosphere，144：138-147.

Feng D，Aldrich C. 2000. Sonochemical treatment of simulated soil contaminated with diesel. Advances in Environmental Research，4（2）：103-112.

Flores R，Blass G，Dominguez V. 2007. Soil remediation by an advanced oxidative method assisted with ultrasonic energy. Journal of Hazardous Materials，140（1-2）：399-402.

Fridman A. 2008. Plasma Chemistry. Cambridge：Cambridge University Press.

Fu R，Wen D，Xia X，et al. 2017. Electrokinetic remediation of chromium（Cr）-contaminated soil with citric acid（CA）and polyaspartic acid（PASP）as electrolytes. Chemical Engineering Journal，316：601-608.

Geng C，Wang H，Yi C. 2015. Effect of chemical parameters on pyrene degradation in soil in a pulsed discharge plasma system. Journal of Electrostatics，73：38-42.

Gong Y，Zhao D，Wang Q. 2018. An overview of field-scale studies on remediation of soil contaminated with heavy metals and metalloids：technical progress over the last decade. Water Research，147：440-460.

He Z，Siripornadulsil S，Sayre R T，et al. 2011. Removal of mercury from sediment by ultrasound combined with biomass（transgenic Chlamydomonas reinhardtii）. Chemosphere，83（9）：1249-1254.

Hu G，Li J，Thring R W，et al. 2014. Ultrasonic oil recovery and salt removal from refinery tank bottom sludge. Journal of Environmental Science and Health，Part A，49（12）：1425-1435.

Indarto A，Yang D R，Azhari C H，et al. 2007. Advanced VOCs decomposition method by gliding arc plasma. Chemical Engineering Journal，131（1-3）：337-341.

Jeon E K，Jung J M，Kim W S，et al. 2015. In situ electrokinetic remediation of As-，Cu-，and Pb-contaminated paddy soil using hexagonal electrode configuration：a full scale study. Environmental Science and Pollution Research，22（1）：711-720.

Jing R，Fusi S，Kjellerup B V. 2018. Remediation of polychlorinated biphenyls（PCBs）in contaminated soils and sediment：state of knowledge and perspectives. Frontiers in Environmental Science，6（79）：1-17.

Kim Y U，Wang M C. 2003. Effect of ultrasound on oil removal from soils. Ultrasonics，41（7）：539-542.

Kuppusamy S，Thavamani P，Venkateswarlu K，et al. 2017. Remediation approaches for polycyclic aromatic hydrocarbons（PAHs）contaminated soils：technological constraints，emerging trends and future directions. Chemosphere，168：944-968.

Langmuir I. 1928. Oscillations in ionized gases. Proceedings of the National Academy of Sciences of the United States of America，14（8）：627-637.

Li X，Zhang H，Luo Y，et al. 2014. Remediation of soil heavily polluted with polychlorinated biphenyls using a low-temperature plasma technique. Frontiers of Environmental Science & Engineering，8（2）：277-283.

Lim M W，von Lau E，Poh P E. 2016. A comprehensive guide of remediation technologies for oil contaminated soil—present works and future directions. Marine Pollution Bulletin，109（1）：14-45.

Lin J G，Chang C N，Wu J R. 1996. Decomposition of 2-chlorophenol in aqueous solution by ultrasound/H_2O_2 process. Water Science and Technology，33（6）：75-81.

López-Vizcaíno R，Navarro V，Alonso J，et al. 2016. Geotechnical behaviour of low-permeability soils in surfactant-enhanced electrokinetic remediation. Journal of Environmental Science and Health，Part A，51（1）：44-51.

Maceiras R，Alfonsin V，Martinez J，et al. 2018. Remediation of Diesel-Contaminated Soil by Ultrasonic Solvent Extraction. International Journal of Environmental Research，12（5）：651-659.

Mason T J，Collings A，Sumel A. 2004. Sonic and ultrasonic removal of chemical contaminants from soil in the laboratory and on a large scale. Ultrasonics Sonochemistry，11（3-4）：205-210.

Méndez E，Pérez M，Romero O，et al. 2012. Effects of electrode material on the efficiency of hydrocarbon removal by an electrokinetic remediation process. Electrochimica Acta，86：148-156.

Misik V，Miyoshi N，Riesz P. 1995. EPR spin-trapping study of the sonolysis of H2O/D2O mixtures：probing the temperatures of cavitation regions. Journal of Physical Chemistry，99（11）：3605-3611.

Peurrung L M，Peurrung A J. 1997. The in situ corona for treatment of organic contaminants in soils. Journal of Physics D：Applied Physics，30（3）：432.

Probstein R F. 2005. Physicochemical Hydrodynamics：an Introduction. New York：John Wiley & Sons.

Reddy K R，Ala P R，Sharma S，et al. 2006. Enhanced electrokinetic remediation of contaminated manufactured gas plant soil. Engineering Geology，85（1-2）：132-146.

Redolfi M，Makhloufi C，Ognier S，et al. 2010. Oxidation of kerosene components in a soil matrix by a dielectric barrier discharge reactor. Process Safety and Environmental Protection，88（3）：207-212.

Sadeghi K M，Sadeghi M A，Kuo J F，et al. 1990. A new tar sand recovery process：recovery methods and characterization of products. Energy Sources，12（2）：147-160.

Seidi S，Yamini Y. 2012. Analytical sonochemistry；developments，applications，and hyphenations of ultrasound in sample preparation and analytical techniques. Open Chemistry，10（4）：938-976.

Shrestha R A，Pham T D，Sillanpää M. 2009. Effect of ultrasound on removal of persistent organic pollutants（POPs）from different types of soils. Journal of Hazardous Materials，170（2-3）：871-875.

Thangavadivel K，Megharaj M，Smart R，et al. 2011. Ultrasonic Enhanced Desorption of DDT from Contaminated Soils. Water Air & Soil Pollution，217（1-4）：115-125.

Wang T C，Lu N，Li J，et al. 2010. Degradation of pentachlorophenol in soil by pulsed corona discharge plasma. Journal of Hazardous Materials，180（1-3）：436-441.

Wang T C，Qu G，Li J，et al. 2014. Transport characteristics of gas phase ozone in soil during soil remediation by pulsed discharge plasma. Vacuum，101：86-91.

Wheat P E，Tumeo M A. 1997. Ultrasound induced aqueous polycyclic aromatic hydrocarbon reactivity. Ultrasonics Sonochemistry，4（1）：55-59.

Yamamoto T，Ramanathan K，Lawless P A，et al. 1992. Control of volatile organic compounds by an ac energized ferroelectric pellet reactor and a pulsed corona reactor. IEEE Transactions on Industry Applications，28（3）：528-534.

Yao Z. 2012. Review on remediation technologies of soil contaminated by heavy metals. Procedia Environmental Sciences，16（4）：722-729.

Yuan L，Li H，Xu X，et al. 2016. Electrokinetic remediation of heavy metals contaminated kaolin by a CNT-covered polyethylene terephthalate yarn cathode. Electrochimica Acta，213：140-147.

Zhang H，Ma D，Qiu R，et al. 2017. Non-thermal plasma technology for organic contaminated soil remediation：a review. Chemical Engineering Journal，313：157-170.

Zhang J，Li J，Thring R W，et al. 2012. Oil recovery from refinery oily sludge via ultrasound and freeze/thaw. Journal of Hazardous Materials，203：195-203.

第9章　大型污染场地治理经典案例

9.1　大型复杂场地概述

2003年，欧洲污染场地网络（Network for Contaminated Land in Europe，NICOLE）提出了“大型污染场地”的概念，但并没有给出明确的定义（Bardos，2004）。世界各国或地区对大型污染场地有不同的规定，但至今仍然没有明确统一的标准和定义。在欧洲，将工业密度高的区域（例如，海港、矿区、大型化工场地、军事场地等），称为“大型场地”（megasites）。美国国家环境保护局将大型污染场地定义为任何危险废物场所，其调查和清理的总成本（不包括长期护理）等于或超过5000万美元（USEPA，2003）。我国生态环境部在发布的标准《污染场地术语》（HJ682—2014）中把因从事生产、经营、处理、贮存有毒有害物质，堆放或处理潜在危险废物，以及从事矿山开采等活动造成污染，且对人体健康或生态环境构成潜在风险的场地定义为潜在污染场地，并指出，经场地调查和风险评估确认危害超过人体健康或生态可接受风险的潜在污染场地进一步认定为污染场地。然而并未明确定义何为“大型污染场地”。

由于没有确定的大型污染场地的定义及划分标准，一般可根据其特征进行界定，其显著特征如下：

（1）场地规模大：面积较大，足以与周围环境产生较为明确的分界；

（2）具有独立污染源：即具有不与外围环境产生关联的独立污染源；

（3）污染物复杂：具有多种类型的污染物，且污染物的空间变异大，分布状况复杂；

（4）风险管控难度大：风险识别、风险交流和治理修复的难度大；

（5）治理周期长、投资巨大：治理修复任务重，对社会和经济条件提出较大的挑战，需要较长的治理恢复时间，要求大量资金和人力的投入；

（6）生态威胁大、利用潜力大：大型复杂污染场地会对周边地区产生较大的生态威胁和健康风险，但巨大的地块能转化为多种土地利用类型，具有较大转化和潜在利用价值；

（7）不同行业的场地具有鲜明的特征：美国和欧洲地区大量大型场地来自军工和军港等军事场地，我国大型复杂污染场地主要来源于工业企业的搬迁和废弃，如城市中心大型企业的退出和搬迁遗留场地、老的工业基地等。不同工业类型的污染特征不同，具有鲜明的行业特征。

根据以上特征，目前常见的大型污染场地主要有大型的化工企业的搬迁场地、钢铁行业企业的搬迁场地、有色冶金行业企业搬迁场地、炼焦制气场地、有毒有害工业堆放场地、简易垃圾填埋场地、电子制造及机械制造企业等。

我国大型污染场地存量大、治理难度高，在修复治理、环境监管和风险控制等方面面临着巨大挑战。由于技术和经济的原因，通常大型复杂污染场地难以实现在短期内的全面修复和再开发，因此大型复杂场地也成为地下水、地表水和沉积物的区域污染的长期潜在来源，严重威胁着当地人体健康和生态系统安全，同时也限制了地表水、地下水和土地等资源的自由使用。

9.2 大型复杂污染场地评估治理系统应用案例

国际上现有的污染场地风险管控技术方法和实践经验，主要基于其特有的法律责任制度框架。在我国，针对大型污染场地，无论是调查评估、污染治理修复还是生态环境修复，在法律规章、技术导则、实践经验等方面都处于探索阶段，环境责任约束、政府部门监管、资金保障机制逐渐形成。他山之石可以攻玉，归纳总结国内外典型大型复杂污染场地治理系统和成功案例，对于形成我国的大型复杂污染场地修复管理技术规范有重要参考价值。

9.2.1 欧盟 WELCOME-IMS 系统

“WELCOME”（water，environment and landscape management at contaminated megasites）是大型污染场地的水、环境和景观管理的首字母缩写。该项目由欧盟第五研发框架计划（FP5），能源、环境可持续发展（EESD）等资助，旨在制定综合管理战略（integrated management strategy，IMS），以预防和降低大型工业场地污染的风险（Förstner and Salomons，2011）。

1. WELCOME-IMS 系统简介

WELCOME-IMS 系统（图 9.1）基于风险评估，涉及利益相关者的参与、欧盟立法的水框架指令和地下水指令、大型场地概念模型、区域风险管理等部分，并基于上述因素制定风险管理方案。该系统有助于识别大型场地中不同区域的风险，并根据风险评估结果、自然衰减等因素确定资金投入的顺序，将资金优先投入场地最危险的区域，最大限度地降低修复成本，提高治理效率。

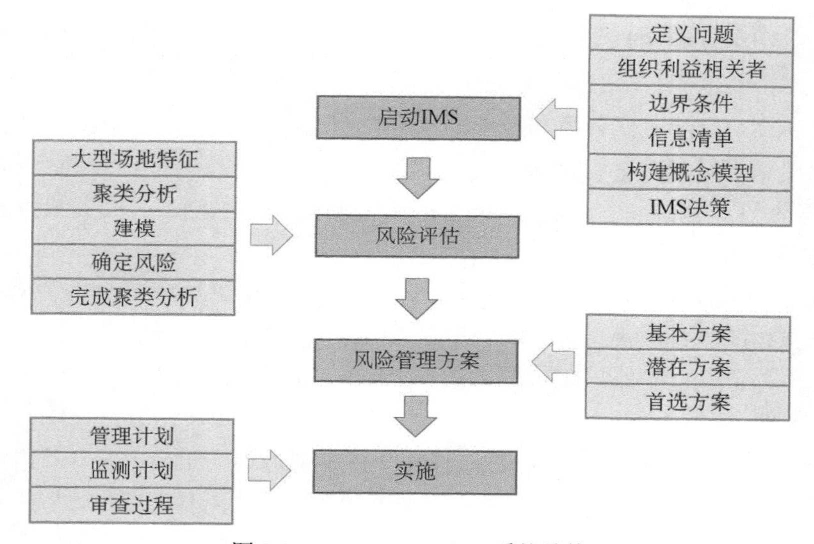

图 9.1　WELCOME-IMS 系统结构

WELCOME-IMS 系统已应用于塔诺夫斯基戈里、比特费尔德、鹿特丹港等受到重金属及持久性有机污染物污染的欧盟大型场地，该系统为污染问题提供了有效的解决方案，降低或消除了区域污染风险。下面以鹿特丹港为例对该系统的应用进行说明。

2. 典型案例：鹿特丹港

鹿特丹港是因石油化学污染导致的典型点源污染的大型场地。港口及工业园区位于莱茵河和默兹河的三角洲，占地约 4250hm^2。鹿特丹港是世界上最大的港口之一，进行转运、加工散装货物（石油、化学品、煤炭和矿石）等活动，这些活动导致了严重的土壤和地下水污染。采用传统的治理方法将产生昂贵的费用且难以实现环境修复目标，因此，应用该系统提供更好的解决方案。

IMS 系统的应用需要各利益相关方的参与，包括鹿特丹港口、鹿特丹地区环境局、公共卫生部、空间规划和环境部以及行业联合利益集团。指导小组控制项目进展，并在平衡经济与环境利益，以及未来区域发展的基础上制定战略决策。

大型场地的污染表征提供了污染物的空间分布、水文地质和污染自然衰减潜力等信息，这些信息可用于预测污染物对受体的影响，并能够确定风险管理方案的有效性。归趋（fate and transport，F&T）建模用于预测污染物对地表水和地下水系统的影响，通过将影响与风险标准和利益相关者的目标进行比较，可以评估污染风险。

为了评估风险管理方案的可行性，定义了几种污染源、路径和受体导向的管理方案，并针对不同的目标，分别从降低风险和降低成本的角度进行制定，目标水平越高，风险降低程度和相应的成本也越高。根据“地下水指令”的要求，降低风险和逆转趋势的时间表对于制定决策至关重要。因此，风险管理方案的制定需考虑风险降低程度、实现风险降低/逆转趋势的时间表、相关成本、利益相关者等方面的因素。

制订方案时，若采用“所有污染区域使用挖掘-倾倒、泵送-处理等措施”的传统方案，将产生高额的清理费用，25 年内总清理费用为 2 亿～3 亿欧元，即每年约 100 万欧元。此外，考虑到地面运行的重工业设施，上述方案在技术、经济和可持续性等方面的可行性较低。因此，通过采用监测自然衰减技术来代替昂贵的泵送-处理技术，开发了三种在经济和技术上适用的组合方案，其成本比传统方案低五倍。此外，为了评估组合方案的成本-效益，不仅需要评估成本和风险降低/趋势逆转，责任义务、公众认知等其他相关标准也会在选择优选风险管理方案过程中发挥重要作用。

9.2.2 美国 RI/FS 系统

修复调查/可行性研究（remedial investigation/feasibility study，RI/FS）系统是结合美国的“超级基金计划”和美国国家优先事项清单（National Priorities List，NPL）建立的大型场地管理方法。

1. RI/FS 系统简介

在美国，超级基金场地被列入 NPL 的流程如下：

（1）根据《资源保护和恢复法案》（*Resource Conservation and Recovery Act*，RCRA）确定该场地是否符合修复资格；

（2）确定现场的人为和生态危害超过特定的危险等级阈值；

（3）就“作为超级基金场地的财产的潜在分类”征求公众意见，有资格成为超级基金的场地被列入 NPL。

NPL 作为一种管理工具，会识别出对人体健康构成最大风险的污染场地清单。修复成本（通常大于 5000 万美元）是被定义为大型污染场地的主要决定因素。大型污染场地的修复计划通常过大，导致无法在单一的响应行动中解决，因此大型污染场地通常在超级基金流程的早期被划分为若干个可操作单元，并以小单元作为一个完整的项目。2019 年，NPL 中列出了 1344 个污染场地，此外已有 413 个场地被移出清单。

NPL 上列出场地（即进入“超级基金计划”）后将进行修复调查/可行性研究（RI/FS）以判断污染物的类型、浓度和程度，评估该场地对人类健康和环境的风险，并进行可处理性测试，以评估可能的处理技术的潜在性能和成本。RI/FS 分五个阶段进行：①界定范围；②场地特征描述和风险评估；③识别和筛选修复方案；④可行性测试；⑤详细分析（图 9.2）。

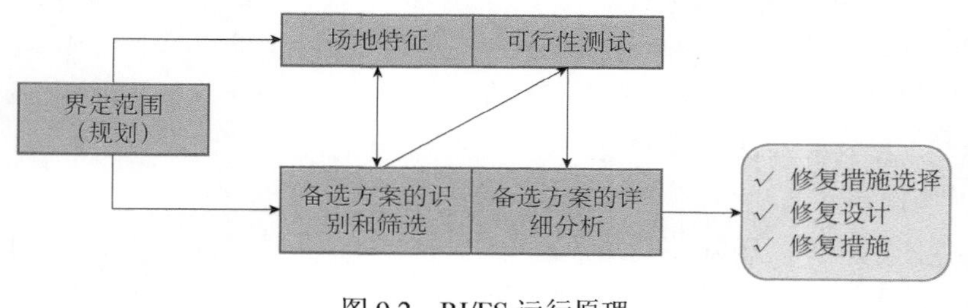

图 9.2　RI/FS 运行原理

2. RI/FS 系统工作流程

第 1 阶段：界定范围。主要目的包括制定现场污染物影响的初步概念模型、确定该概念模型中的数据差距、确定清理目标、确定适当的临时（近期）修复行动并准备实施 RI/FS 的工作计划。这一阶段中的关键步骤是确定污染区域的空间范围、确定污染源区域和建立可操作单元。

第 2 阶段：场地特征和风险评估。对土壤和地下水进行调查，以确定环境介质中污染物的类型、浓度和分布。通常采用基线风险评估，进一步调查污染场地对人类健康和环境的威胁程度。风险评估可以评估各种污染物暴露途径，包括摄入（土壤、地下水），吸入（土壤、蒸汽）和皮肤接触（土壤、地下水和地表水）。场地特征描述和风险评估的结果影响了修复措施的选择，以及场地范围修复的优先级顺序。

第 3 阶段：筛选修复方案。现场特征描述和风险评估的结果用于确定修复行动目标、一般响应行动（general response actions，GRAs）、并确定和筛选可行的修复方案。修复行动目标指定了修复场地的目标污染物和介质，以及短期目标和最终修复目标。GRAs 描述了需要清理的每种环境介质的广泛响应类别，包括土地利用控制、地下水使用控制、大规模清除污染物（如挖掘或泵送）、原位处理、自然衰减监测/长期监测等。

第 4 阶段：可行性测试。包括小型或中型规模的可行性测试。在此阶段，对第 3 阶段初步筛选后的技术进行测试，以测量其在现场特定条件下的性能。

第 5 阶段：修复方案的详细评估。包括综合分析和评估最终选择修复措施所需的各方面要求。“超级基金计划”规定，每个修复方案都要根据九个选择标准进行评估和比较：整体保护性、是否遵守所有相关环境法律法规、长期有效性和持久性、短期有效性、可行性、成本、减少关键有毒有害物质程度、流动性、废物量，并需要通过国家和社区的意见审查。

3. RI/FS 系统应用典例：迪克斯堡

相较于中小型的污染场地，大型污染场地更需在进行再开发之前充分调查、科学规划，综合考虑经济、社会和开发工期等众多因素，合理选择适用于大型场地的分区修复、分区规划、分期开发的修复与再开发方案。这里选取美国迪克斯堡案例，来阐述污染场地再开发过程中分区规划的理念。

1）场地基本情况

迪克斯堡是原美国陆军基地，占地约 13000hm^2，该基地地下的含水区为新泽西州中部的大片地区提供饮用水。迪克斯堡中的垃圾填埋场被列入 NPL，占地约 51hm^2。该垃圾填埋场自 1950 年运行至 1984 年，但直到 1980 年才进行控制。填埋场处理的废物包括污泥、废弃涂料、农药、稀释剂、食堂油脂等。虽然已在填埋场部分区域种植树木，但受土壤侵蚀的影响，被填埋覆盖的废物被暴露出来。填埋场上游约 1.2km 处有多达 5000 人居住的军事住房；在距离 1.2km 处的彭伯顿镇有约 500 人居住；而距离填埋场约 5km 的水井为多达 7300 名居民提供水源。

2）主要污染情况

该区域地下水和地表水已被各种挥发性有机物（VOCs）以及重金属（包括锰、铅和镁）污染。浅层地下水排放到克罗斯威克斯河、兰可卡斯河和其他支流，扩大了污染范围，使该场地的土壤、沉积物、地表水和地下水中均检测到挥发性有机物、半挥发性有机物、总石油烃化合物和重金属等污染物。

3）主要处理进程

迪克斯堡垃圾填埋场于 1984 年关闭并提出 NPL 申请，1987 年被列入 NPL，1985 年开展修复调查，1991 年确定最终修复措施，1992 年开展修复行动，并于

1999年完成施工，2012年从NPL中删除，并可以重新开发和使用。

4）主要修复措施

根据美国国家环境和保护局和美国军方1991年签署的决策记录，所选择的修复措施包括：

（1）覆盖最南端的21hm^{2}垃圾填埋场，并在垃圾填埋场的剩余部分保持2ft的最终覆盖层；

（2）安装垃圾填埋场气体排放和空气监测系统，以确定是否需要处理甲烷气体和VOCs排放；

（3）在垃圾填埋场周围安装铁丝网围栏以限制进入；

（4）根据新泽西州制定的要求，进行长期地下水、地表水、沉积物和空气监测（30年）；

（5）长期运行和维护，以提供垃圾填埋场盖的检查和维修；

（6）实施机构管制，限制垃圾填埋场和垃圾填埋场附近地下水的用途；

（7）制定和实施土壤侵蚀和泥沙控制计划；

（8）使用监测报告中获得的数据进行风险评估；

（9）使用监测计划中获得的数据，审查风险评估，如果趋势显示水质发生重大变化，则修订风险评估。这些审查和修订在修复行动开始后三年内进行，此后至少每五年进行一次，而实际暴露情景的任何变化在修订的风险评估中得到解决。

9.3 德国鲁尔区修复案例

9.3.1 修复场地概况

鲁尔区（Regional Verbands Ruhr，RVR）位于德国中西部的北莱茵-威斯特法伦州，总面积约4434km^2，人口约540万。鲁尔区是典型的传统工业区，从18世纪50年代开始，形成了以采煤、钢铁、化学、机械制造等重工业为核心的能源基地、钢铁基地和重型机械制造基地，衰落于19世纪60年代，形成污染严重的工业废弃地集中区。据统计，传统煤矿和钢铁产业工业废弃地约8000多公顷，且大多位于中心城市的中心位置。作为资源型城市的鲁尔区在采矿开发过程中，对城市的地形、地貌、植被和大气环境造成了严重的破坏，地质环境破坏诱发的各类问题日渐突出，因此环境修复已成为该区域的首要任务。

9.3.2 修复治理历程

1. 污染信息收集处理

对所有污染或者疑似污染场地进行登记，建立完整的土壤污染信息档案；根据场地污染的严重程度，建立优先排序制度，优先对污染严重的场地开展预备性调查；对污染场地的主要负责单位进行任务和职责划分，并依法监督督促责任单位进行详细场地调查和针对性修复治理。德国城市环境保护局对城市已污染和可疑污染场地进行了全面调查，对土壤开展长期监测、调查，建立专业数据库，随时了解土壤特性的变化信息，评估治理措施是否有效。

2. 土壤修复治理措施

德国土壤修复治理理念是保护土壤的某种功能，满足未来规划用地需求，而不是对土壤进行 100%的修复治理。根据土壤的污染情况，充分考虑土地未来的规划用途，分析经济上的可行性并区别对待，选择不同的修复治理方法。根据这一理念，德国需要采用技术治理的仅占污染场地的一小部分。鲁尔区主要采取以下几种常用措施治理污染土壤（温丹丹等，2018）。

（1）去除污染源，把污染物清挖后换土。适用于土壤污染范围不大、地下水未受污染的场地。不同类型的污染物会分类运送到不同级别的垃圾填埋场。

（2）隔离封闭，把污染物集中并用隔离膜封闭。当污染比较严重，分布范围大、深，且对地下水也已经造成污染，在这种情况下，对污染源进行清挖、换土费用太高，一般选择就地隔离封闭处理，阻止污染物进一步向外扩散。该处理方法常用于污染严重的焦化厂场地。

（3）建筑隔离墙。当污染物质已对地下水造成污染，污染地下水流向周边的地表河流时，建筑一条隔离墙，阻止含污染物的地下水扩散到地表河流。

（4）铺隔离、保护层。这种方法是通过铺上保护层，防止污染物质进一步扩散，避免土壤暴露在外与人直接接触。

（5）原位微生物修复技术。尤其适用在对芳香烃类有机物的处理。一些有机污染物，如甲苯、二甲苯、酚类化合物、萘通过微生物能够有效地分解。这种方法可以避免对环境的二次污染，比较经济，但修复治理周期较长。

（6）气相抽提。气相抽提是将新鲜空气通过注射井注入污染区，利用真空泵产生负压，在空气流经污染区域时，解吸并夹带土壤空隙中的易挥发性有机污染物，经抽取井流回地上。抽出的气体经过活性炭吸附或者生物处理后达标排放。该方法对挥发性有机物效果较好，适用于非饱和层、透气性好的土壤。

（7）较少应用的修复技术。热处理、化学氧化还原、土壤淋洗等对土壤性质造成破坏的方法，在鲁尔区很少被采用。

德国鲁尔区修复过程中采用多为在成熟度、工程可控度方面更具有优势的异位修复技术。通常情况下，以上几种措施会综合应用。对于没有资金或者不需要立刻处理的污染场地，将其单独隔离出来，进行长期跟踪监测。

9.3.3　治理效果及影响

鲁尔区把煤炭转型同国土整治结合起来，在处理老矿区遗留下来的土地破坏和环境污染问题的同时实现了产业转型。鲁尔区逐渐关闭了传统的污染产业，并转向建立新的零售、住宅、服务型等低污染产业。在矿区的环境修复过程中，鲁尔区对关闭的污染企业进行科学的环境评估，并做出周密的整改规划，迅速地抹掉了老矿区的痕迹，将污染场地修复为绿地、居民住宅小区、娱乐中心等。在改造过程中，发掘了工业遗存的文化价值，以工业文化传承和开发旅游产业促进了污染场地的修复与再利用。此外，还修建了大量风景优美、设施齐全的工业园区来吸引企业落户。鲁尔区的修复治理不仅改善了环境，还成为吸引外资最主要的地区，提升了土地价值，极大促进了当地的就业。

9.4　西雅图煤气厂修复案例

9.4.1　修复场地概况

西雅图煤气厂建于1906年，占地面积约8hm^2，主要用于从煤和石油中提取汽油。1906～1956年，其场地为生产煤气的炼油厂用地，后来天然气逐步取代煤气，炼油厂最终关闭停产（赵茜，2015）。此后，该场地被普吉特海湾能源（Puget Sound Energy，PSE）公司作为设备仓储用地。在50年的生产时间里，煤气厂生产过程排放了大量污染物，对环境造成了巨大破坏。西雅图煤气厂在提取汽油的过程中，遗留了大量二甲苯、多环芳烃、砷和挥发性有机物等污染物。西雅图市政府决定购买煤气厂所在地，计划通过污染场地的修复治理，将其改造为城市中央公园。

9.4.2　修复治理历程

西雅图煤气厂公园的污染治理过程复杂且周期漫长。在修复过程中，不断更新的信息知识、飞速发展的技术水平以及污染物标准指标的调整都使得修复方案不断更新。

最初的修复方案主要采用了隔离覆盖与原位修复的治理策略。19 世纪 70 年代进行的初步土壤测试结果表明，场地土壤中含有大量的重金属和有机污染物，在地下 18m 处仍然有污染存在。而较高的地下水位限制了对深层土壤的开挖，因此景观设计师理查德·海格（Richard Haag）设计了在表层用新土覆盖，再配合生物降解和深层耕种的方法。其中生物降解为在土壤中注入以石油为食的细菌以降解污染物；植物修复选取能够改良土壤的固氮植物以及当地的先锋植物对土壤进行修复，这些植物具有适应性强、成活率高、抗逆性好、生长快的典型特点。

拆除大部分工业建构筑物后，场地中遗留的混凝土建筑废料堆成了一个约 14m 高的山体，成为远眺西雅图市天际线的风筝山（Kite Hill）。由于建筑废料上覆土的厚度有限，所以公园内的植被以草坪为主。场地东部的泵房与锅炉房被改造为餐厅和游戏屋，其内部的大部分原有工业设施得到保留（朱怡晨和李振宇，2017）。西雅图煤气厂污染场地改造前后如图 9.3 所示。

(a) 改造前：西雅图煤气厂污染地块

(b) 改造后：西雅图煤气厂公园

图 9.3　美国西雅图煤气厂污染场地改造前后

煤气厂公园于 1976 年对公众开放，成为颇受欢迎的城市开放空间。然而，随着 20 世纪 80 年代早期美国关于危险废物清理的新联邦法案的颁布，以及随后大量开展的环境调查工作，人们发现煤气厂公园内仍然存留有污染物质（郑晓笛，2015）。1984 年从煤气厂公园所采集的土样与水样被检测后，仍显示出多种污染物存留，以多环芳烃和石油化合物为主。这一发现令当时的西雅图市长临时关闭了煤气厂公园，禁止公众进入。经过进一步的环境调查与风险评估，煤气厂公园再次对公众开放，但公众被警示不要接触公园中的土壤，也不要在公园所滨的水域中涉水、游泳或钓鱼。1985 年，场地中污染最严重的区域被覆盖上约 30cm 厚的新土（郑晓笛，2015）。

20世纪80年代中后期，西雅图市政府持续不断地对煤气厂公园的场地进行环境评估，并尝试可能的污染治理方案。1990年，煤气厂公园被列入华盛顿州危险场地清单，新的场地修复工作被提上日程。2000年11月～2001年6月，公园再次关闭，环境清理工程在公园内展开。公园内的绝大部分地表被覆盖上一层保护性隔离层，其上又覆盖了60cm的干净表层土，并增设了灌溉系统。场地中设置了空气喷射与土壤气相抽提系统，以对土壤及地下水中残留的苯污染进行清除。2001～2006年，公园内的地下水污染得到了进一步治理。然而，2013年3月，新一轮的环境勘测又在煤气厂公园启动了，这次是因为在与公园相滨的联合湖湖岸污泥中发现了多环芳烃污染，西雅图市政府与PSE公司再次联合对煤气厂公园展开污染调查，探测是否是公园中的土壤与地下水污染导致了湖滨污泥的污染。

从煤气厂关闭至今，已经过去了半个多世纪，煤气厂公园的场地也经历了几轮的环境勘测与污染治理过程，但至今仍然可能残存有污染物质。这些情况都充分体现了工业宗地中污染隐蔽性强、潜伏期长，项目周期长且具有不确定性的特点。

9.4.3 治理效果及影响

煤气厂公园的整治过程体现了严格的监测系统、不断更新的知识及技术带来的积极影响。西雅图煤气厂公园不仅是一个成功的污染场地修复案例，其公园自身复杂的修复历史对景观设计也产生了深远影响（马源等，2018）。改造结束的西雅图煤气厂公园，是当代社会从工业时代向环保节约型时代的重大转变的典型代表作。现在的炼化工厂成为西雅图最具有娱乐性的休闲广场之一。

9.5 重庆某六价铬污染场地土壤修复工程案例

9.5.1 场地概况

该场地前身为重庆某仪表厂电镀生产区域，涉及精密机械、电子仪器仪表、机电一体化控制系统等生产，于2019年全面停止使用，场地用地类型由工业用地转变为科教用地，通过对场地污染现状开展调查和评估工作，明确了场地土壤受到六价铬污染。经过在场地内布设土壤监测点位、采集土壤样品，监测结果表明，该场地的污染因子浓度超过《展览会用地土壤环境质量评价标准（暂行）》

（HJ/T 350—2007）的 A 级标准，六价铬最高浓度为 1.61mg/kg，污染层位于回填土 20m 以下，受污染土壤面积约 12000m^2，方量约为 16000m^3（刘益风等，2019）。

9.5.2 修复技术体系

在技术筛选过程中，综合考虑了场地特征：①受六价铬污染且污染浓度相对较低；②受周边开发建设影响，污染层上方已经被回填 20～30m 厚的土石方；③场地周边高层居民住宅楼环绕修复场地四周，与修复边界最近距离仅 8m 左右。综上，选择采用原位修复方式开展场地治理工作。适合六价铬的原位修复技术主要有：原位化学还原及稳定化、生物法和植物修复等技术。根据该项目的特殊性并结合其他工程案例经验，最终确定采用原位化学还原及稳定化技术。施工步骤包括建设临时设施、注射井钻孔、污染土壤采集、注射筛管安装和药剂灌注，部分施工现场如图 9.4 和图 9.5，具体如下。

图 9.4　直接加压注入井工艺灌注（刘益风等，2019）

图 9.5　高压旋喷工艺灌注（刘益风等，2019）

（1）临时设施建设：用于处理场内施工废水、堆存污泥、药剂稀释与搅拌，防止二次污染；

（2）注射井钻孔：对场地内所有注射井进行测量放线并在放样点位上编写钻孔区域和编号，便于钻机进场顺利及钻机就位；

（3）污染土壤采集：根据设计方案以及现场情况，判断并确定污染层深度和厚度，样品收集完成后统一送检，并将剩余的污染土壤运至污染土壤暂存场；

（4）注射筛管安装：采用DN19的聚氯乙烯（PVC）管进行现场加工，筛孔外部绑扎筛网，防止泥沙堵孔；

（5）药剂灌注：先灌注还原性药剂，将六价铬还原成三价铬，然后再灌注稳定剂对其实施原位固化/稳定化治理修复。

9.5.3　治理效果及影响

该项目采用原位化学还原及稳定化作为治理修复技术，利用直接加压注入井工艺与高压旋喷工艺相结合进行药剂灌注，修复污染土壤面积约12000m^2，修复方量约16000m^3，修复后土壤和地下水样品送检结果表明治理修复工程达到修复要求，通过了第三方效果评估单位的验收。

该修复工程丰富了六价铬污染场地的原位治理修复工程应用案例，为重庆市污染场地的原位治理技术应用积累了经验，为其他相似污染场地治理修复提供借鉴和参考。

9.6　贵州省东南部某工矿企业修复案例

9.6.1　场地概况

污染场地位于贵州省东南部城市，所在片区工矿企业较为集中，主要为从事矿石开采、化工产品、水泥、黄磷等生产的企业。场地内废渣、建筑垃圾、生活垃圾随意堆放，距离河流较近，易受雨水冲刷形成污水进入河流。此外，场地内有部分未处理污水，存在一定的环境污染风险。项目区遗留废水中的Hg、As和Cu均超过一级标准限值，最高含量分别为2.04mg/L、8.89mg/L和2.13mg/L，最大超标倍数分别为39.20倍、16.78倍和3.26倍。场地遗留废水对周边水域具有较大的危害性，需要进行治理后再安全排放（杜志会等，2017）。

9.6.2 土壤修复技术体系

通过对污染场地开展详细调查工作，摸清场地环境质量现状，确定污染场地修复目标，进而开展场地治理修复工作。具体修复流程包括对场地废弃建（构）筑物、设备进行拆除并妥善处置，采用先进可行的工艺技术，对场地遗留废渣、污染土壤及废水等资源化、无害化处理，最终使修复后场地满足工业用地要求。

（1）建筑物拆除及破碎工程：拆除工程主要为原址场地废弃建（构）筑物拆除破碎并用于场地回填，将多余建筑垃圾直接运往建筑废渣弃土场进行填埋处置。

（2）清挖工程：根据场地调查确定修复范围和深度，对Ⅱ类固废、危险固废及受污染土壤进行分区分类开挖并开展修复工程。

（3）异位稳定化处理：综合项目要求和污染特征分析，决定对本场地内的Ⅱ类固废和重金属污染土壤采用异位稳定化处理，修复工艺流程见图 9.6。项目污染土壤和Ⅱ类固废浸出液浓度超标因子为氟化物、pH、Mn、Cu、Zn、As、Ni 等。稳定化药剂采用针对复合重金属和氟化物的复合药剂，药剂成分主要为无机盐和天然有机硫化物，不会造成二次污染。稳定化预处理设备及药剂搅拌混合设备均采用筛分破碎铲斗进行，见图 9.7。

a）预处理工程：为使污染土壤、Ⅱ类固废与药剂混合均匀，在固化稳定化处理前需要先对污染土壤和Ⅱ类固废进行筛分和破碎。

b）固化稳定化处理：该工艺对 Mn、Cu、As、Ni 等污染物的稳定化作用主要是通过药剂对重金属的吸附、共沉淀和螯合作用来进行的。而对氟化物的稳定化作用主要是通过药剂的吸附作用来实现，同时合理调节 pH 可以提高药剂对氟的吸附率。

c）待检区养护及检测：在完成药剂混合后，出料置于养护场地，经过 14h 的养护后进行检测。检测是按照每 500m^3 区域采集 1 个代表样品，先抽取 30% 的代表样品进行自检。检测处理后固废及污染土壤中重金属的浸出效应，自检合格后，申请业主及相关部门（机构）组织验收，而后经过运输车辆转运至填埋场进行安全填埋，不合格的废物则调整相应参数（进土量、药剂添加量、搅拌时间、水量等）进行再处理作业。

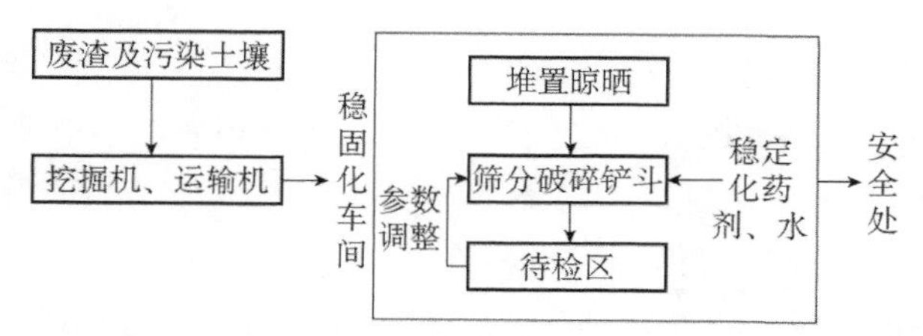

图 9.6　异位稳定化修复工艺流程图（杜志会等，2017）

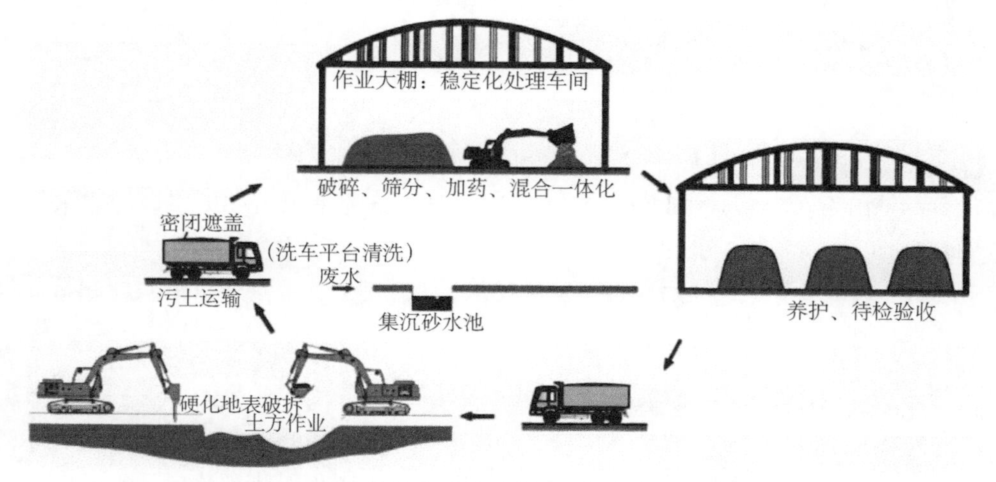

图 9.7　稳定化操作流程示意图（杜志会等，2017）

9.6.3　废水修复技术体系

场地内遗留废水采用原有污水处理池进行处理，添加化学沉淀剂使污染物汞达标后，外运至污水处理厂处理。废水处理工艺流程见图 9.8。

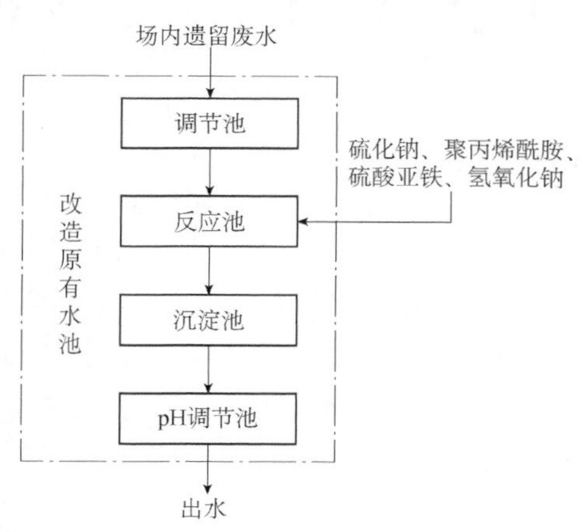

图 9.8　废水处理工艺流程（杜志会等，2017）

具体处理工艺流程如下。

（1）调节池：废水首先进入调节池，调节池起到调节水质水量的作用。

（2）反应池：在该区域内，水体重金属通过与投加药剂间的各种反应得以去除。在运行时，为了更好地形成金属硫化物沉淀，需向废水中投加一定量的液碱，调节废水 pH。投加重金属捕捉剂、絮凝剂，使微小颗粒形成易沉的较大颗粒并投加硫酸亚铁，以形成硫化铁沉淀，去除剩余的硫化钠。

（3）斜板沉淀池：使废水有效实现固液分离，提高沉淀效率，减少沉淀池的占地面积。

（4）pH 调节池：沉淀池出水呈碱性，需在 pH 调节池中投加酸，调节出水 pH。

（5）出水：水质汞达标后，采用吸污车将上清液抽出后外运至周边污水处理厂处理。

（6）底泥处置：水池底泥自然晾晒脱水后，挖掘外运至贵州省危险废物暨贵阳市医疗废物处置中心委托处置。

9.6.4 治理效果及影响

该污染场地的修复治理运用了精准修复方法，减少了物理化学反应产生的废物和二次污染，减少了修复成本，提升了设备的节能效益。该污染场地修复完成后实现了场地的再利用，稳定化场地未来规划为工业厂房的区域，如仓库、机修车间等。

9.7 北京焦化厂修复工程二次污染防治案例

9.7.1 场地概况

北京焦化厂位于北京市东南郊，共占地面积约 135 万 m^2，其中第一期修复面积约 34.2 万 m^2。经过前期的污染情况调查，污染深度达到 18m，污染土壤总量约 153 万 m^3，主要污染物包括多环芳烃和苯，其中难挥发多环芳烃类污染土壤共计 38.58 万 m^3；苯、萘类污染土壤共计 114.42 万 m^3（杨勇和黄海，2016）。北京焦化厂工艺布局如图 9.9 所示。

该场地土壤和地下水均受到污染：土壤污染物为苯和多环芳烃类，污染深度达地下18m；地下水存在苯污染，污染深度为地下9～18m。场地周边存在多个环境保护目标，包括地铁站、某居民区、某学院、已建成保障房及公交站。

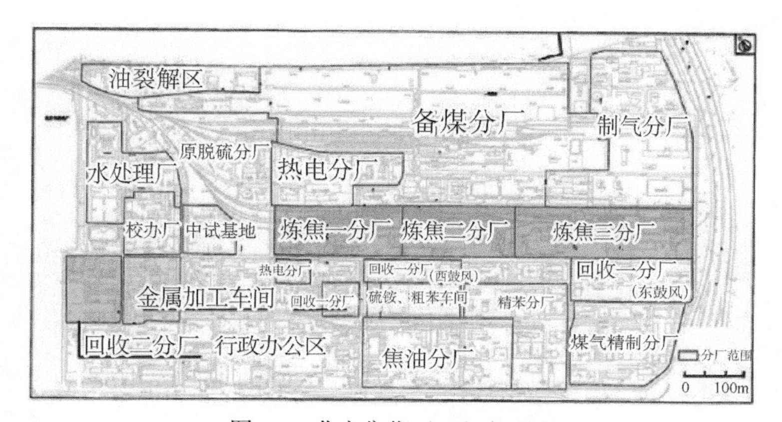

图9.9　北京焦化厂工艺布局图

资料来源：北京焦化厂工业遗址保护与开发利用综合规划

9.7.2　修复技术体系

该场地污染土壤采用原地异位热解吸技术修复，地下水采用抽提和吹脱处理技术修复。场地修复及二次污染防治流程见图9.10。施工期主要包括污染土壤清挖、暂存和修复场地建设，污染地下水抽取、治理场地建设以及配套工程等；运营期即场地修复实施期间，主要包括污染土壤清挖、运输、暂存和修复，污染地下水抽提、治理等施工工程。针对施工过程造成的二次污染物，采取了不同的二次污染防治技术措施。

1. 气态污染物

该项目气态污染物主要由土壤和地下水中的有机污染物组成：污染区土壤清挖、装卸及运输等过程中，污染土壤受到扰动，在分子扩散作用驱动下，苯和多环芳烃类具有挥发性的污染物向外释放从而影响大气环境。可以通过以下方式进行治理：①边挖边对开挖完成区域铺设高密度聚乙烯（HDPE）膜覆盖，切断污染物暴露途径；②向土壤开挖面喷射泡沫抑制剂，以将污染物控制在液膜内。

(a) 场地建设施工过程与污染水治理过程

(b) 污染土壤修复过程

图 9.10 场地修复及二次污染防治流程（刘晶晶等，2018）

2. 尾气

该项目中尾气来自密闭大棚、热解吸设备、吹脱设备的烟囱尾气，主要污染物为颗粒物、二氧化硫、氮氧化物、一氧化碳及苯、苯并[a]芘等。通过对土壤和地下水修复设备尾气进行全面防治，利用引风机等抽排系统引入活性炭吸附箱，尾气治理后达到北京地方标准《大气污染物综合排放标准》（DB11/ 501—2017）才可通过烟囱排放；土壤经热解吸设备高温修复所解吸出的废气，采用配套的氧化燃烧式尾气处理系统进行处理，达到标准后排放等方式进行治理。

3. 扬尘

指受土壤扰动影响进入大气的悬浮颗粒物。场地建设、土石方开挖、土壤装卸及车辆行驶等众多作业环节，因破坏了地表结构，在一定施工现场条件和气象条件下，会造成地面扬尘污染。通过对施工现场道路、生活区等必须进行地面硬化处理；对扰动的非污染土壤表面采用密目防尘网覆盖；裸露处覆盖 HDPE 膜等进行治理。

9.7.3　治理效果及影响

北京焦化厂工业旧址污染场地修复项目作为北京市政府重点拆迁居民安置房用地项目，人身健康、环境安全始终贯穿项目实施全过程，其修复目标明确、过程严谨、效果显著。该项目不仅盘活了北京市城区土地、缓解了城市化进程中的土地供求矛盾，而且作为国内少数污染场地再利用项目，为我国今后主城区工业企业迁移提供了参考。

该污染场地修复工程具有受挥发性有机物污染、采用异位修复技术、周边环境保护目标较多等典型特点。工程通过对主要施工工程和大气污染来源的详细分析，建立了全面的大气环境二次污染防治措施体系，即将气态污染物、尾气和扬尘作为大气污染防治的对象，对各施工环节部署有针对性的二次污染防治技术措施，并以工艺优化设计为补充、以环境实时监测手段为指导和反馈、以污染防治制度为保障，最终实现该污染场地修复工程中大气环境二次污染防治措施的全面布控，减少了废物产生并减轻了二次污染物生成与排放，保障了修复工程工人的安全健康。

参 考 文 献

杜志会，黄正玉，李戎杰. 2017. 工矿企业污染场地修复工程案例分析. 绿色科技，(20)：48-54.

刘晶晶，杨勇，陈恺. 2018. 有机污染场地修复工程中的大气环境二次污染防治及案例分析. 环境工程技术学报，8（4）：381-389.

刘益风，李洁，申源源. 2019. 重庆某六价铬污染场地土壤修复工程案例. 广州化工，(12)：901-967.

马源，刘怡凡，吴宜杭. 2018. 煤气厂公园的改造——以美国西雅图为例. 江西农业，139（14）：96.

温丹丹，解洲胜，鹿腾. 2018. 国外工业污染场地土壤修复治理与再利用——以德国鲁尔区为例. 中国国土资源经济，(5)：52-58.

杨勇，黄海. 2016. 北京某焦化企业场地污染修复案例简析. 世界环境，4：65-66.

赵茜. 2015. 美国污染治理政策下的“棕地”设计——以西雅图煤气厂公园为例. 现代城市研究，(1)：104-106.

郑晓笛. 2015. 工业类棕地再生特征初探—兼论美国煤气厂公园污染治理过程. 环境工程，

（4）：156-160.

朱怡晨，李振宇. 2017. 后工业时代的“城市双修”. 新城乡，（2）：68-69.

Bardos P R. 2004. Sharing experiences in the management of megasites：towards a sustainable approach in land management of industrially contaminated areas. Final report of the NICOLE Workshop.

Förstner U，Salomons W. 2011. Reply to the comment of Martin Keil，Jochen Großmann and Holger Weiß（Keil et al. 2011）on the article“Sediment research，management and policy—a decade of JSS”（Förstner and Salomons 2010）. Journal of Soils & Sediments，11（3）：543-544.

USEPA. 2003. Superfund remedy report 11th edition（EPA-542-R-03-009）. https://www.epa.gov/sites/default/files/2015-09/documents/asr_11thedition.pdf[2020-02-01].

第10章　污染场地修复决策支持系统

10.1　概　　述

1971年，国外学者首次提出“决策支持系统”的概念（Scott，1971），其包括数据库、方法模型库与知识库3个部分，能够为半结构化和非结构化问题提供支持。场地污染修复的决策支持系统是指采用专家评估和软件模拟的方式，为管理决策者在启动耗资巨大的修复行动之前，筛选合理的污染控制与修复技术，并制定经济高效的场地修复方案的综合评估系统（廖晓勇等，2014；蒋栋等，2011；张海博等，2012）。污染场地修复的决策过程涉及场地调查基础数据的管理和污染成因分析（陶欢等，2017a；Liao et al.，2019）、修复目标计算、修复工程量计算（陶欢等，2014；Tao et al.，2019）、场地修复技术的筛选（陶欢等，2017b）、场地修复方案的优化（牛坤玉和金书秦，2018）、场地修复后的效果评估等环节。其中多个环节需要借助统计分析方法和专业的数学模型来实现，通过决策支持系统中的方法和模型能够改善管理决策的有效性，扩大和增强决策者处理问题的能力和范围（廖晓勇等，2014）。

污染场地修复的决策过程需考虑经济利益、环境效应、社会可接受度、技术应用、土地利用规划等多方面的因素，使得决策过程存在着较大的不确定性（Marcomini et al.，2009）。传统的场地修复决策在很大程度上取决于决策者的主观判断，但由于决策者存在认知上的局限性，决策结果具有很大程度的不确定性。在污染场地修复过程中引进决策支持系统能够为场地修复决策者的管理提供科学依据，降低决策过程和最终决策结果的不确定性。决策者使用决策支持系统记录和查看系统中的模型假设、模型参数和预测的结果，决策过程中的每个步骤都是开放的、透明的，并且整个过程可以重复测试。此外，决策支持系统通过测试模型参数的变化对决策结果影响，可以处理决策过程中的不确定性，为决策者提供更加可靠的辅助。

对于污染场地的修复与管理，决策支持系统可以为决策者提供至少以下 6 方面的帮助（Bardos et al.，2001；Onwubuya et al.，2009）：①场地调查多源异构数据的集成和可视化表征；②场地污染物分布格局和污染程度分析；③场地风险评估；④场地修复方案分析，包括修复方案的选择、分析与优化；⑤场地修复工程费用的估算；⑥场地修复后效果评估。

10.2 国际主要污染场地修复决策支持系统

10.2.1 总体概况

目前，国内外从不同的侧重面开发了较多的污染场地修复决策支持系统，在使用过程中，经过了大量实例的验证，为解决复杂的污染场地修复和管理问题提供了参考。

在美国国家环境保护局的污染场地 Clean-up Information 网站的软件工具专栏（www. clu-in.org/software）中列出了大量的决策支持工具（decision support tools，DST），并且在联邦修复技术圆桌会议（Federal remediation technologies roundtable，FRTR）的决策支持工具矩阵中对这些决策支持工具进行了详尽的介绍（陶欢，2014）。各决策支持系统来自不同的国家，且基于不同的开发平台，但在内容结构上有着相同之处，这些决策支持系统大多是由若干模块构成，各模块能够独立完成特定的功能，且各模块之间相互关联和支撑，通过信息流在各模块之间进行交互，决策者可以逐步完成各修复环节的应用，为制定修复方案提供依据和支撑（蒋栋等，2011）。

在功能上，这些决策支持系统主要分为两种类型：一种是按照评估和管理步骤完成各种功能，如 DESYRE、SMARTe 和 WELCOME，提供了场地特征数据分析、污染性质和污染程度分析、修复方案分析、风险分析等功能；另一种则是为重点解决某类场地决策问题，如 Scribe 提供了对场地环境采样数据和场地的监测数据进行集中管理；DARTS 提供了修复技术的筛选功能（蒋栋等，2011）。通过决策支持系统中的可视化、修复技术筛选、分析建模等功能，决策者能够更形象地理解决策结果，对数据进行挖掘，获取更多有效信息，为决策提供帮助。

表 10.1 中列出了污染场地修复中常用的软件，具体每个软件的软件开发的目的、软件的应用在后文有详细的介绍。

表 10.1　污染场地修复中常用的决策支持工具

软件名称	开发者	功能描述
&ARAMS	—	场地概念模型、统计分析、人类健康和生态风险评估
*API-DSS	美国石油学会	污染物归趋、传输和风险评价
&BIOCHLOR	—	分析建模、场地筛选、修复过程筛选
&BIOPLUME Ⅲ	美国莱斯大学	监控条件下的决策支持包括数字化建模和可视化以及修复过程的选择
&BIOSCREEN	美国国家环境保护局	监控条件下的决策支持筛选
UBIOSVE	美国科学软件集团	对土壤气相抽提、真空增强恢复和生物降解集成模拟
&CURE	美国桑迪亚国家实验室环境风险评价和监管分析部	评估成本估算的不确定性
*DECERNS	佛罗里达大学、剑桥环境公司	风险分析、成本效益分析
*DESYRE	威尼斯研究联合会与威尼斯大学	场地特征数据分析、污染性质和污染程度分析、修复方案分析、风险分析
&DQO-PRO	美国西北太平洋实验室	场地描述和数据收集
&ELIPGRID-PC	美国西北太平洋实验室	场地描述和场地热点区确定
&FIELDS	美国国家环境保护局	对 ArcView 的拓展，以改善场地描述和污染物定义的决策支持包括可视化、初步采样、二次采样、地统计插值、成本效益分析、人类健康和生态风险评估
&FSPLUS	—	可视化、地统计插值、数据管理
&GANDT	美国桑迪亚国家实验室环境风险评价和监管分析部	采样钻井和监测井的位置和个数的优化、优化监测井网络的设计、模拟 VOCs 在包气带中的气相传输和地下水流
&GeoSEM	—	可视化、地理空间插值、统计分析
&HSSM	—	可视化、分析建模
&MAPER	新墨西哥州立大学	地下污染物分布的模拟、污染物体积的估计
&MNAtoolbox	美国桑迪亚国家实验室	决定是否在一个场地应用监测式自然衰减法的筛选工具
&MODLP	地下水修复设计研究中心	确定钻井的位置、它是 MOD FLOW 软件的一个拓展模块
&NAS	弗吉尼亚理工大学、美国地质调查局、海军设施工程司令部	可视化、修复过程筛选、分析建模、数字化建模
&OPTMAS	美国桑迪亚国家实验室环境风险评价和监管分析部	预测采样点的位置
UPLANET	伯克利国家实验室	水流分析（MODFLOW）、溶质传输分析（MT3D）、数据的可视化
&PLUME	美国阿贡国家实验室	评估当前的污染羽位置、评估超过确定值的污染物级别的概率、指导采样计划

续表

软件名称	开发者	功能描述
&PRECIS	美国桑迪亚国家实验室环境风险评价和监管分析部	量化风险和不确定、概率模拟、模拟污染物的迁移、暴露分析
*RAAS	美国西北太平洋实验室	根据修复成本来比较备选的修复方案、风险分析
*RACER	美国三角洲研究公司	成本评估、环境数据管理、分析结果可视化
*REC	荷兰原位生物修复研究计划（NOBIS）	修复方案分析、风险分析
&RESRAD	—	人类健康和生态风险评估、分析建模、不确定性分析、敏感度分析
UROAM	美国电力研究院（EPRI）	比较在去除污染物浓度方面各备选修复方案的效率
&SADA	美国田纳西州立大学	地统计分析、统计分析、成本/效益分析、人类健康和生态风险评价、采样设计和决策支持
&SCRIBE	美国国家环境保护局的环境应急响应工作组（ERT）	环境数据管理
&SEDSSS	美国桑迪亚国家实验室环境风险评价和决策分析部	场地概念模型的开发、数据评估、污染物传输和归趋分析、敏感性分析、数据价值分析以及最终决策
&SELECT	伯克利国家实验室	数据质量评价、场地特征描述、数据可视化、污染物归趋和传输分析、风险评价以及不同修复方案的成本评估
USitePlanner	阿贡国家实验室	数据收集计划、三维污染羽的绘制
&SMARTe	美国国家环境保护局	场地特征数据分析、数据价值分析、风险分析、成本效益分析
*Smart Sampling	美国桑迪亚国家实验室	数据的可视化、地统计分析、数据管理、场地特征描述、评估污染物超过某一特定值的概率
&SourceDK	—	分析建模、修复过程选择
&VSP	美国西北太平洋实验室	可视化、初步采样、二次采样、统计分析、成本效益分析
&WELCOME IMS	欧盟	场地概念模型描述、风险分析、方案分析
&污染场地修复技术筛选软件	中国科学院地理资源与科学研究所土壤修复科技创新团队	场地修复技术筛选
&污染场地风险评估软件	中国科学院地理资源与科学研究所土壤修复科技创新团队	场地污染风险评估
&污染场地化学氧化修复工艺包	中国科学院地理资源与科学研究所土壤修复科技创新团队	药剂选择和用量估算、投加方式选择、修复监测以及数据管理与分析

& 表示免费；* 表示商用；U 表示不确定；—表示没有相关的信息。

10.2.2　DESYRE 决策支持系统

DESYRE（decision support system for the rehabilitation of contaminated sites）是威尼斯研究联合会与威尼斯大学共同研发的一个基于 GIS 的决策支持系统，主要用来对大型污染场地进行综合管理和修复决策（Pizzol et al.，2009）。DESYRE 针对修复过程的关键阶段进行辅助决策，综合考虑了土地二次开发利用方式、基于风险的人体健康与环境影响、污染物的空间分布与毒理学特性、水文地质信息、修复技术特性、修复成本和社会经济状况等因素，为对较大范围污染场地进行修复决策提供了一个用于管理多源、海量信息的综合平台，协助特定污染场地修复方案和战略的制定，为决策者提供决策分析与建议（Carlcon et al.，2007；张海博等，2012）。

DESYRE 提供了六个相互联系的功能模块，包括社会经济评估模块、场地特征描述、风险评价模块、修复技术评估模块、残余风险评估、决策模块，具体模块如图 10.1 所示，图中给出了每个模块的主要数据输入、每个模块的功能，以及每个模块的主要输出结果。

在该系统中，场地特征描述使用 GIS 工具对场地的水文地质信息和污染物信息进行可视化；社会经济评估模块通过特定的社会经济指数对不同的场地用途进行比较，得出较为合适的土地利用方式；风险评价模块可以分区域对土壤和地下水污染进行人体健康风险分析，在这个过程中需要输入以下数据：土地利用方式（从社会经济评估模块获得）、污染物分布以及水文地质信息和污染物信息（从场地特征描述获得）、暴露途径等；修复技术评估模块选择最合适的修复技术并制定修复方案；根据制定的修复方案和场地特征模块提供的污染物分布信息，残余风险评估对残余风险进行空间模拟；最后，根据特定的指标体系（包括社会经济、风险、技术、环境影响、修复时间和成本等指标）模块对备选方案进行比较与排序。可以看出，DESYRE 提供了污染场地修复过程中几乎所有的评估与决策的功能。而且它的许多方法有很强的独创性，如基于模糊数学方法的社会经济效益分析、风险的空间模拟以及残余风险分布的概率分析方法等。

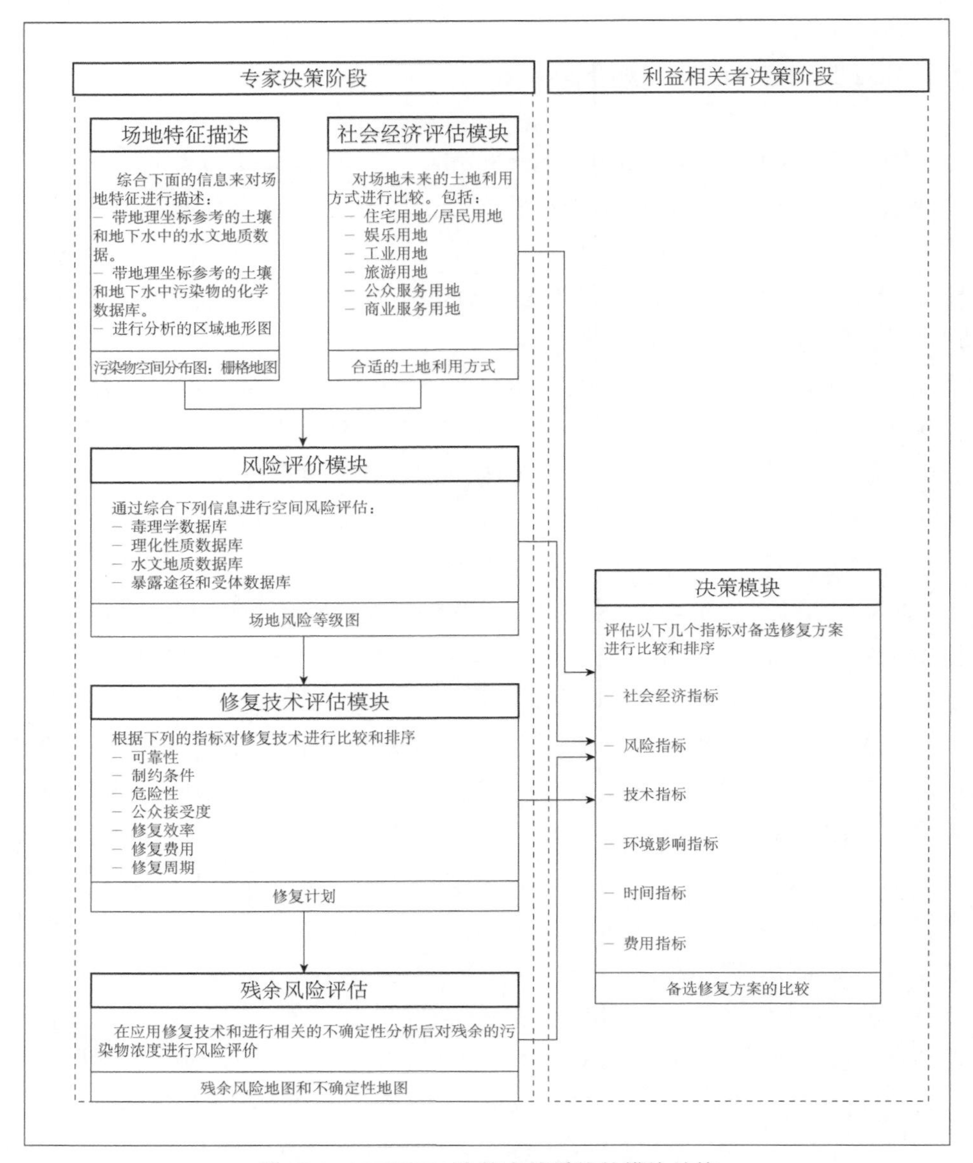

图 10.1 DESYRE 决策支持系统的模块结构

10.2.3 REC 决策支持系统

REC 模型是欧盟国家开发的一种较为成熟的决策支持系统，可以快速判别各修复技术的可行性。REC 主要包括风险削减（risk reduction）、环境效益（environment merit）和修复费用（cost）三个模块，并将污染场地修复过程分为修复准备阶段、修复进行阶段和修复结束后三个阶段，分时段计算各备选修复方案的风险降低水平、环境效益和修复费用，综合比较后得出最适用于该污染场地的修复技术。

在采用 REC 模型进行决策分析之前，需要先调查场地污染现状，如污染物种类、污染物浓度、污染面积等；了解场地背景信息，如土地利用方式、土壤类型、地下水位、植被覆盖度、人口密度、敏感生态受体等。在实际进行决策时，REC 模型评估结果只能作为辅助参考，最终决策还要依靠决策人员（张红振等，2011）。REC 概念模型如图 10.2 所示。

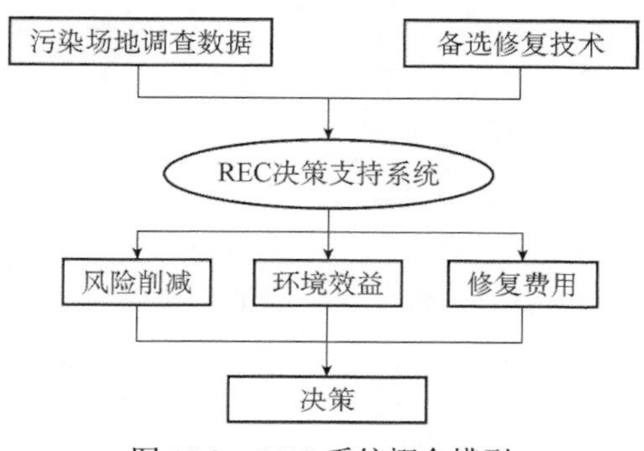

图 10.2　REC 系统概念模型

1. 风险削减模块（R）

降低污染场地的潜在风险是任何修复技术的最主要驱动力。风险水平的高低取决于污染程度、暴露途径和风险受体，不同修复技术在风险降低水平上必然存在一定差异。REC 模型内嵌的风险计算模式包括人体健康风险、生态风险和其他受体（如地下水资源等）的风险。在进行风险计算时，REC 模型将污染场地修复过程简化为修复准备、修复进行与修复结束 3 个阶段，计算整个修复期限内的风险削减总和。

2. 环境效益模块（E）

REC 模型的环境效益子模块用于分析各备选修复技术的环境友好程度。备选修复技术在改善污染场地环境条件的同时也会造成负面的环境影响。REC 模型从土壤质量改善情况、地下水质量改善情况、土地资源占用、水资源消耗、常规能源消耗、稀缺资源使用、废水排放、废气排放、废渣排放 9 个环境指标出发，采用加权评分法在 9 个环境指标上进行评分，评估备选修复技术的环境效益。

3. 修复费用模块（C）

REC 模型中修复费用分析即是修复成本的计算过程，将各类费用分为初始成本、流通/运营成本、重置成本、一般管理成本和其他成本，根据假定的贴现率反算出各种备选技术的总投资额。REC 模型对每项费用都设定了低、中、高 3 个估值，因此各修复技术的费用估算都有一个区间，以减小估算结果的不确定性。

4. 集成分析

在分别比较各备选修复技术风险削减、环境效益和修复费用的基础上，REC 模型将各备选修复技术的风险降低、环境效益与修复成本归一化处理后对 3 者进行集成分析，以图和表的形式表现综合评价结果，以便于决策者对比分析。

REC 模型充分体现了西欧各国先进的污染场地管理理念，具有很强的参考价值，但直接引入中国用于国内的污染场地修复决策支持并不理想。原因是模型内部的各类暴露参数默认欧洲的污染场地参数，不适合中国的实际情况。REC 模型中嵌入的污染物种类有限，且模型界面不够普适，需要对该模型有相当了解才能正确使用。另外，REC 模型对地下水的风险没有充分考虑，模型中场地风险评估还是基于场地污染物总量而对污染物的生物有效性考虑不够。中国的土地利用方式与欧洲有显著不同，以农村为例，中国传统农业与国外的机械农业耕作相比，单位面积农田的暴露人数差异很大，中国农村还特有乡镇企业用地、农贸集市用地、自留地等，必须重新考虑各种土地利用方式下的风险暴露场景和暴露途径，才能使暴露水平分析符合实际情况。中国的各种风险受体、土壤、地表水、地下水标准等参数与欧洲的也有很大差异，也需重新设置相关默认参数。因此，未来应在吸收发达国家对污染场地管理经验的同时，设计符合中国实际的基于 REC 模型的污染场地修复决策支持系统，将模型内部各类参数本土化，设计界面友好化，以便于中国决策人员使用。

10.2.4 SMARTe决策支持系统

SMARTe（sustainable management approaches and revitalization tools-electronic）是由美国国家环境保护局研发的一个开源的、基于 Web 的决策支持系统，用于制定和评估污染场地的修复和再利用方案，旨在帮助利益相关者解决污染场地修复中的难题。

SMARTe 系统有四个主要组成部分（Agostini et al.，2008；蒋栋等，2011）：①电子文档：通过一系列目录，SMARTe 可以提供与修复相关的各方面的信息、资源、链接和案例研究，包括未来规划、环境风险管理、社会接受程度和经济可行性分析等。②工具箱：SMARTe 包含独立的分析工具和清单，包括人类健康风险评估、场地特征和监测数据分析、公众参与、选择律师和环境顾问等。③工程项目：SMARTe 的特定项目、密码保护部分，包含一个综合决策支持系统，帮助用户评估各种可能的土地利用方式的成本与收益。在这个部分，SMARTe 还可帮助用户制定修复计划。④搜索引擎：SMARTe 有搜索栏，用户可以直接对系统内的特定信息进行搜索。

SMARTe 系统包含修复过程中的各方面的资源和分析工具：预期规划（未来土地利用方式），利益相关者参与（包括社区），经济可行性（融资、市场成本和效益），环境问题（现场评估、风险评估和风险管理），责任及社区利益（Agostini et al.，2008）。SMARTe 系统提供了全面的信息、工具和分析资源，以帮助克服场地修复中的障碍，促进污染场地的可持续再利用。

SMARTe 的最大优点在于它不仅可以为专业人员服务，还可以服务于社区居民，使他们能够了解整个修复过程，并且针对场地的修复发表自己的意见（蒋栋等，2011）。因此，SMARTe 有众多的用户，这些用户在使用 SMARTe 的同时也为该系统提供了丰富的反馈信息，这些都将为未来的污染场地修复和修复后场地的再利用提供借鉴。

10.3　模型与方法在修复决策系统中的应用

修复决策系统是以数据为基础、以模型为驱动的系统，选取合适的数学模型或方法影响修复决策系统的科学性和高效性（廖晓勇等，2014）。模型库是决策支持系统的关键，只有在模型的支持下，决策系统才能够对污染场地修复方案做出有效判断，进而为环境管理和规划提供科学的辅助决策，可以说决策支持功能的强弱取决于模型的科学性与高效性，它们是决策支持系统研发的主体，也是难点和特点所在，直接影响到系统的决策支持能力以及实用性和灵活性（陶欢，2014）。通过模型和方法可以解决修复过程中的场地污染刻画、风险评估、修复技术筛选、修复费用估算、修复效果评估等问题。

修复决策系统中常用的方法有修复多目标决策分析（MCDA）方法、成本-效益分析（CBA）方法、生命周期评价（LCA）方法、技术筛选矩阵、费用效果分析（CEA）方法、环境效益净值分析（NEBA）方法等，通过这些方法实现修复技术筛选、修复费用估算、修复方案优化等应用功能。

10.3.1 场地污染刻画中常用的模型和方法

污染物刻画的精准度会影响其空间分布的界定和修复土方量计算的准确性，进而影响修复方案的选择和修复成本，对场地修复治理工程的实施有着重要的实际意义。三维插值方法包括地统计学法、反距离加权法、自然邻域法等。其中，应用最为广泛的为地统计学法（Piedade et al.，2014）。

10.3.2 风险评估中常用的模型和方法

污染场地风险评估主要包括生态风险评价和人类健康风险评价。生态风险评价中的熵值法（也称比率法）是使用最普遍、最广泛的风险表征方法（许榕等，1996；张永春，2002；惠秀娟，2003）。人类健康风险的评估模型较多，主要包括荷兰的 CSOIL 模型和 Risc human 模型、英国的 CLEA 模型、美国的 Cal TOX 模型和 RBCA 模型。

10.3.3 修复技术筛选中常用的模型和方法

污染场地修复技术筛选矩阵是选择修复技术的重要工具，它是研究者在对场地修复技术市场、新型技术研发及应用情况的调查基础上，将每种修复技术的技术参数汇集到一张表格中，以供修复决策者进行查询（廖晓勇等，2014）。针对某个特定的污染场地，根据场地污染特征和修复目标从修复技术筛选矩阵中排除不满足条件的修复技术，达到初步筛选修复技术的目的。美国国家环境保护局、中国环境保护产业协会、北京市环境保护局等国内外相关管理部门制定了修复技术筛选矩阵，从技术成熟度、资金成本、时间成本、性能、可行性及目标污染物等方面对修复技术进行了评价。中国科学院地理资源与科学研究所土壤修复科技创新团队构建了“场地土壤修复技术筛选矩阵”（表 10.2）及“修复技术筛选矩阵的分级原则”（表 10.3），着重考虑了技术对环境产生的二次污染、破坏及修复的可持续性等要素。

表 10.2 场地土壤修复技术筛选矩阵

修复技术	费用	成熟度	可靠性	修复时间	二次污染和破坏	对土壤生态功能的破坏	修复的可持续性	目标污染物	
								有机类	重金属类
原位化学氧化技术	◍	●	◍	●	●	◍	○	●	○
异位化学氧化技术	○	●	●	●	◍	◍	○	●	○

续表

修复技术	费用	成熟度	可靠性	修复时间	二次污染和破坏	对土壤生态功能的破坏	修复的可持续性	目标污染物	
								有机类	重金属类
原位化学还原技术	○	•	•	•	•	•	•	•	●
异位化学还原技术	•	●	○	●	•	•	•	•	●
洗脱技术（异位）	●	●	•	•	○	○	○	●	●
热脱附技术	○	●	●	○	•	•	●	●	•
水泥窑协同处置技术	•	●	●	△	•	○	○	●	●
气相抽提技术	△	•	●	○	•	●	●	●	○
生物通风技术（原位）	●	○	●	○	•	●	●	●	○
原位固化/稳定化技术	•	●	○	●	○	•	○	○	●
异位固化/稳定化技术	•	●	○	●	○	•	○	○	●
生物堆技术	●	●	○	●	●	●	●	•	○

表 10.3 修复技术筛选矩阵的分级原则

考虑因素		●优于平均值	•平均值	○劣于平均值	△其他
资金投入——全套技术的设备、人力等投入		资金投入较低	资金投入一般	资金投入较高	取决于场地特征、污染物种类和技术的应用/设计
成熟度——所选取的技术的应用规模和成熟程度		技术成熟，已有工程应用	已满足投入工程应用，以小试和中试为主	缺乏工程应用经验和范例	
可靠性——该技术去除污染物的效果		修复效果好，能够完全或基本消除污染物	基本能满足修复目标，对于难降解的污染物，可能需要进一步处理	稳定性较差	
修复时间——处理单位面积场地所花费的时间	原位修复	少于 1 年	1～3 年	多于 3 年	
	异位修复	少于 0.5 年	0.5～1 年	多于 1 年	
二次污染和破坏		无二次污染风险和环境扰动	需采取防护措施以避免二次污染	二次污染风险较大，需长期监管	
对土壤生态功能的破坏		土壤生态功能基本无损伤	土壤结构和部分生态功能破坏	土壤生态功能基本丧失	
修复的可持续性		修复后的土壤可再利用	修复后的土壤存在部分生态功能丧失，但可修复	修复后土壤生态功能基本丧失，较难或无法修复	

10.3.4 多目标决策问题常用的模型和方法

如何从初筛结果的备选修复技术中综合考虑修复行为的影响，从社会、经济、技术、环境综合最优角度出发对修复方案进行比较评判，确定最佳修复方案是一个多层次多目标的决策问题（廖晓勇等，2014）。MCDA 方法是解决多层次多目标的决策问题最好的方法，为修复决策提供一种科学工具。已有大量关于多目标决策问题的研究，并开发出相关的模型方法，应用于场地修复决策的 MCDA 方法主要包括多属性价值理论（MAVT）/多属性效用理论（MAUT）、层次分析法和级别高于关系法 3 种。

10.4 适合我国国情的修复决策系统开发思路

决策支持系统在污染场地管理方面的广泛应用，极大提高了决策者处理问题的能力和范围，改善了土壤修复的实效性和经济性。然而，当前决策支持系统也存在着以下问题。

10.4.1 对政策法规及社会经济问题考虑较少

大多数污染场地管理决策支持系统将重点放在风险评估、技术选择和相关利益者参与等方面。除了 SMARTe 提供了对法律法规和社会经济问题方面的支持，大部分的系统较少考虑以下问题：监管和立法、土地规划和社会经济问题等。究其原因，主要是不同的国家以及同一国家的不同地区，污染场地管理相关法律法规不尽相同，而这些开发的决策支持系统却要在全国范围甚至世界范围内使用。社会经济问题是污染场地管理需要考虑的方面，但是由于其影响和优点难以量化，目前的决策支持系统对它考虑较少。

10.4.2 空间分析功能有待加强

空间分析的结果是修复决策分析的基础，其准确性直接影响了决策的优劣。大多数决策支持系统都提供了空间分析的模块和功能，但其在准确性和功能性等方面还需要进一步的提升（Agostini et al.，2012）。

10.4.3　精准修复相关功能有待开发

大多数决策支持系统在制定修复方案时只涉及修复技术筛选，较少有决策支持系统基于场地土壤环境，结合修复试剂与污染物在土壤中的化学反应过程，对修复药剂选择、剂量、投加方式及施用时间等参数进行定位、定时、定量设计，实现污染场地的精准修复。

10.4.4　缺乏对场地修复利益相关方的综合考虑

污染场地的利益相关方涉及政府部门、场地拥有者或其他可能牵涉其中的个人、团体或机构等。目前多数决策支持系统决策出的结果仅考虑单一的用户目标，如第三方修复机构。实际的修复行动需要顾及多方利益，因此需要在修复决策的过程中引入博弈论、多智能体等群决策功能，提高多方利益相关者对决策结果的可接受度。

目前，我国国内的决策支持系统较少，且尚未得到大范围的应用，适合我国特色的决策支持系统有待开发。环境保护部于 2014 年 7 月发布了《场地环境调查技术导则》（HJ 25.1—2014）①、《场地环境监测技术导则》（HJ 25.2—2014）②、《污染场地风险评估技术导则》（HJ 25.3—2014）③以及《污染场地土壤修复技术导则》（HJ 25.4—2014）④。为适应我国场地修复的相关标准技术规范，基于我国场地污染特征和市场需求，在我国现阶段场地修复技术储备的基础上，中国科学院地理资源与科学研究所土壤修复科技创新团队提出了我国修复决策系统（China's Decision Support System for Remediation of Contaminated Sites，CDSSRCS）的总体框架（图 10.3），并开发了污染场地修复技术筛选软件、污染场地风险评估软件及化学氧化工艺包（陶欢，2014；杨坤，2017）。

CDSSRCS 的主要功能包括数据管理、信息查询和最佳修复技术的选择、场地风险评估、最佳修复方案的比选等。应用该系统，能够基于场地调查结果，对场地健康风险开展评估，并基于评估结果，界定修复范围，制定修复目标，并进行修复技术的筛选和修复方案的比选。场地勘察评估结束后得到的场地调查结果可用于污染场地风险评估和场地修复评估，修复目标值的计算和场地修复土

---

① HJ 25.1—2014 已废止，现行标准为《建设用地土壤污染状况调查　技术导则》（HJ 25.1—2019）。
② HJ 25.2—2014 已废止，现行标准为《建设用地土壤污染风险管控和修复监测技术导则》（HJ 25.2—2019）。
③ HJ 25.3—2014 已废止，现行标准为《建设用地土壤污染风险评估技术导则》（HJ 25.3—2019）。
④ HJ 25.4—2014 已废止，现行标准为《建设用地土壤修复技术导则》（HJ 25.4—2019）。

方量的估算是污染场地修复评估阶段得到的两个重要结果，决定了修复技术的筛选和修复方案的制定。

根据修复决策系统设计的逻辑顺序，系统的体系架构划分为四个层次：用户层、数据层、逻辑层和交互层，其层次关系如图 10.4 所示。

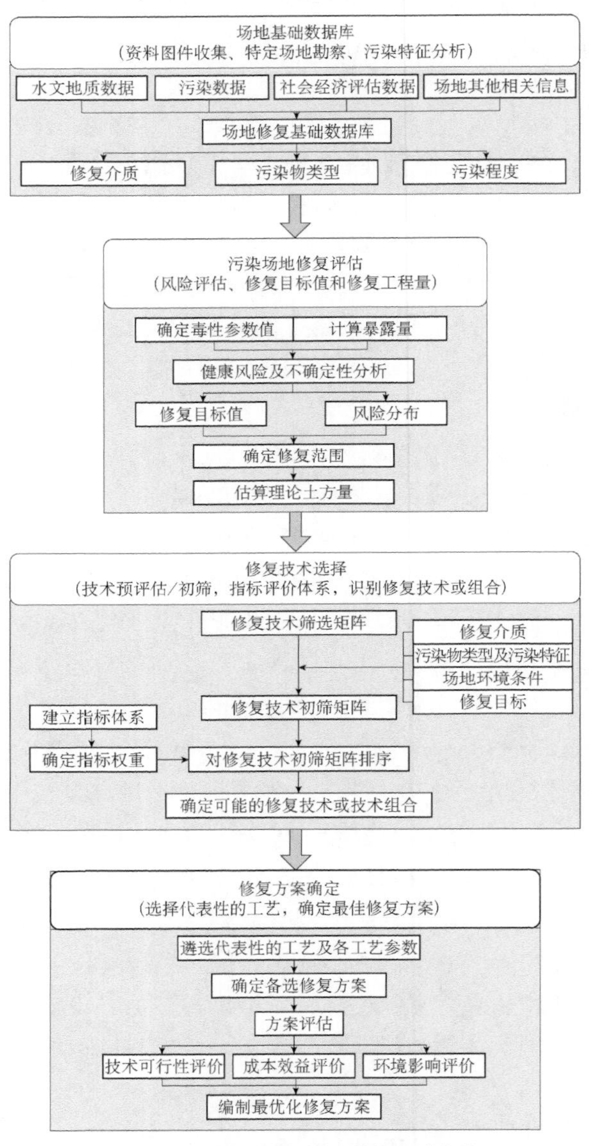

图 10.3　我国修复决策系统开发框架

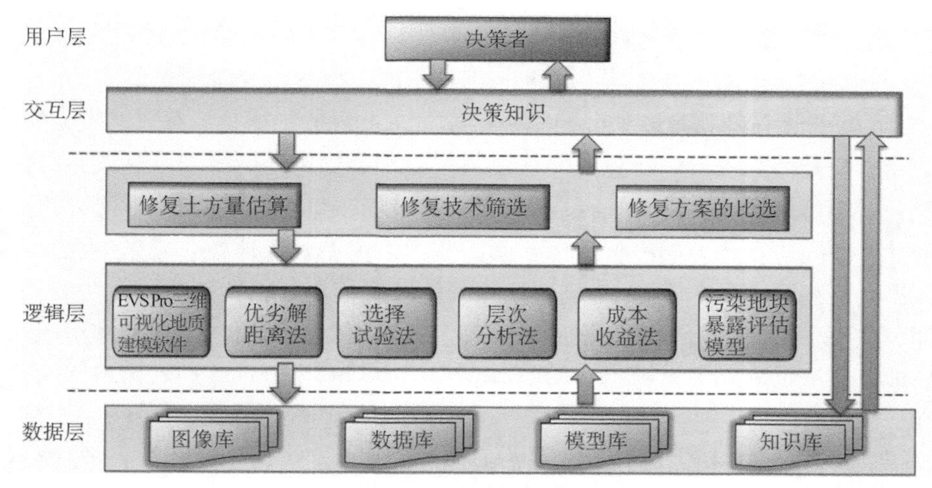

图10.4　系统体系架构图

1）用户层

用户层主要指决策者，是政府部门、场地拥有者或其他可能牵涉其中的个人、团体或机构等利益相关者的总称。

2）数据层

数据层中主要是存放各种类型的数据，包括图像库、数据库、模型库和知识库。图形库中存放污染场地相关图件，如地形图、采样点分布图、钻井位置图、遥感图等；数据库中存放各种技术的参数、污染物信息等模型计算所需的数据；模型库存放的是各模型计算过程中参数的信息，如层次分析法的评价指标体系；知识库中存放相关案例中的参数经验值信息、法律法规、经济社会、土地利用等相关数据。

3）逻辑层

逻辑层中主要是为实现决策支持系统中的修复土方量估算、修复技术筛选和修复方案的比选三个模块所需的模型方法的逻辑设计。修复技术筛选是通过模型库中的优劣解距离法和选择试验法结合层次分析法模型，通过调用数据库中的相关信息决策出最佳修复技术，然后以决策知识的形式提交给决策者。

4）交互层

主要是用于与用户交互的应用程序，在该系统中表现为系统的各个模块的计算结果，最后以决策知识的形式提交给决策者。

该框架是在场地调查与资料收集的基础上综合考虑污染场地修复技术筛选的社会、经济、环境等因素，合理选择修复技术，科学制定修复方案，确保修复工程切实可行。以下几个方面是决策支持系统设计中考虑的关键问题。

（1）基础数据库建设方面。场地基础数据库中包含水文地质数据、污染数据、社会经济评估数据及场地其他相关信息，通过污染特征分析获取修复介质、污染物类型及污染程度等信息，为后续工作的开展提供基础。场地基础数据的管理分析不可避免地会涉及地理空间位置，可以参考地理空间数据存储分析能力及其在空间可视化方面的优势，帮助决策者直观了解场地概念模型，为宏观决策提供快而准的科学依据，提高决策判断的准确性（Dawson and Baise，2005）。此外，从整个系统的角度考虑将地理信息系统和修复决策系统结合能够组织污染场地专题数据库和数学模型之间的信息流，控制系统运行序列和模型间的自动联合应用。

（2）场地修复评估方面。场地修复评估的结果关系到修复技术的选择、修复成本及工程实施。场地修复评估模块包括风险评估、修复目标值及修复工程量的确定等功能。其中，修复土方量估算是基于场地调查评估后的场地修复评估的一个重要结果，可作为场地修复技术筛选和修复方案比选时的一个重要评价指标。理论土方量应根据污染物种类、浓度水平和修复范围、修复目标值来估算，首先通过三维空间插值及可视化得到污染物的空间分布特征，其次根据污染物的阈值，估算超标的土方量，估算方法主要有断面法、格网法和不规则三角网法（TIN），其他的一些方法（如散点法和表格法）都是这 3 种方法的简化、变形或综合。

（3）修复技术筛选方面。污染场地修复技术筛选是在制定修复方案前的一个重要步骤，它决定对某特定场地使用何种修复技术才能更加经济高效地去除场地中的污染问题。场地修复技术筛选矩阵已成为污染场地修复技术初筛最常用的决策支持工具。我国需对国内污染场地修复技术市场、新型技术研发和使用情况全面调查的基础上，构建基于我国修复技术水平及潜力的场地修复技术筛选矩阵。在修复技术筛选矩阵的基础上，可以根据污染物类型、场地条件和最终修复目标等因素实现修复技术的初筛。但是筛选出来的结果主观性较大，需要应用合适的模型方法对初筛的结果进行综合评估决策出更加经济有效的修复技术。修复技术筛选综合评价主要是采用层次分析法来确定评价指标的权重，使用 MCDA 方法对场地修复技术优选和排序，这样既能克服层次分析法在不易定量化指标上的主观性，又能避免多目标决策分析方法对指标权重的忽视。

（4）制定修复方案方面。根据确定的修复技术或技术组合和风险评价制定详细的污染场地修复技术方案，主要包括修复技术的可行性评价和成本利益评价、确定工艺参数、分析成本效益等。为量化修复方案评估结果，可以选用成本利益分析方法、费用效果分析方法对污染场地修复策略的费用效益进行分析。在评估修复工程的实施对周边区域产生的负面影响时候，可选用生命周期评价方法来全面评估项目全过程的环境影响。

（5）实现精准修复方面。场地土壤污染物含量空间变异性大，不同区域的污染物浓度不同，采用原位化学修复时，修复试剂的注入不足会导致已修复的区域出现污染反弹现象，而注入的修复试剂过量则会增加修复的成本，产生其他环境风险。因此，在污染场地修复决策支持系统中，基于污染场地的实际土壤环境状况，对药剂选择、剂量、投加方式及施用时间等参数进行规划设计，能够在减少污染物的同时，节约成本，降低环境风险，具有一定的现实意义。

然而，目前大多数土壤修复技术决策支持系统仅涉及修复技术的筛选，较少有决策支持系统能够在顾及药剂选择、剂量、投加方式及施用时间等参数的基础上提供一个详尽的修复方案推荐。因此，在开发我国场地土壤修复决策支持系统时，可根据修复试剂与污染物的反应过程构建修复制剂消耗动力学模型，用于不同试剂类型、不同污染浓度的施用药剂用量的计算，基于决策支持系统数据库中的土壤岩性、有机质含量、pH、水分含量等土壤环境基础数据，计算得到适用于特定污染场地的修复试剂的种类、剂量、投加方式、施用时间等，实现污染场地“定位、定时、定量”的精准修复。

（6）用户界面方面。用户界面是系统和用户之间进行信息交换的媒介，可操作性强、界面美观的系统有助于促进人机交流。场地修复决策过程涉及的参数较多，且大多数需要用户来输入，开发设计友好的软件界面能够使系统更容易被用户掌握和使用，不仅有助于获取更多有效的信息和数据，提高决策结果的准确度，同时也便于系统的推广应用。

（7）空间分析方面。空间分析结果的精准度直接影响了场地修复决策的优劣，强大的空间分析能力能够使系统为决策者提供更精准的数据信息，以便更好地进行科学决策。因此决策支持系统中，应提供多种科学、有效的模型和方法。此外，污染场地修复过程中会产生大量数据信息，通过遥感技术、人工智能、地统计学等方法的运用，将这些海量数据信息进行有效整合和挖掘，有助于揭示场地污染形成机制、变化趋势及驱动因子，提高修复效率。通过大数据、数据挖掘方法以及知识管理能力的有机结合，来提高决策支持系统的空间分析能力，实现场地修复决策支持系统的智能化。

参 考 文 献

惠秀娟. 2003. 环境毒理学. 北京：化学工业出版社.

蒋栋，路迈西，李发生，等. 2011. 决策支持系统在污染场地管理中的应用. 环境科学与技术，2011，34（3）：170-174.

廖晓勇，陶欢，阎秀兰，等. 2014. 污染场地修复决策支持系统的几个关键问题探讨. 环境科学，35（4）：1576-1585.

牛坤玉，金书秦. 2018. 成本效益分析视角的土壤修复方案筛选——英国经验及启示. 环境保护，46（18）：26-30.

陶欢，廖晓勇，阎秀兰，等. 2014. 某污染场地土壤苯并（a）芘含量的三维估值及不确定性分析. 地理研究，33（10）：1857-1865.

陶欢，廖晓勇，阎秀兰，等. 2017a. 污染场地调查动态追补钻井点位的方法研究[J]. 环境科学学报，37（4）：1461-1468.

陶欢，廖晓勇，阎秀兰，等. 2017b. 应用多属性决策分析法筛选污染场地土壤修复技术. 环境工程学报，11（8）：4850-4860.

陶欢. 2014. 污染场地修复决策支持系统的关键模块设计与验证. 北京：中国科学院大学.

王宗军. 1992. 决策支持系统的概念、结构、应用及其发展. 计算机应用研究，4：61-64.

许榕，马苏华，陈桂岚. 1996. 环境风险评价概述. 江苏环境科技，9（3）：14-16.

杨坤. 2017. 污染场地化学氧化修复工艺包设计与开发. 北京：中国科学院大学.

张海博，张林波，李岱青，等. 2012. 基于 DESYRE 模型的污染场地修复决策研究[J]. 环境工程技术学报，2（4）：339-348.

张红振，骆永明，章海波，等. 2011. 基于 REC 模型的污染场地修复决策支持系统的研究. 环境污染与防治，33（4）：66-70.

张永春. 2002. 有害废物生态风险评价. 北京：中国环境科学出版社.

Agostini P，Critto A，Semenzin E，et al. 2008. Decision support systems for contaminated land management：a review//Marcomini A，Glenn W Suter Ⅱ，Critto A. Decision Support Systems for Risk-Based Management of Contaminated Sites. New York：Springer.

Agostini P，Pizzol L，Critto A，et al. 2012. Regional risk assessment for contaminated sites Part 3：Spatial decision support system. Environment International，48：121-132.

Bardos R P，Mariotti C，Marot F，et al. 2001. Framework for decision support used in contaminated land management in Europe and North America. Land Contamination and Remediation，9：149-163.

Carlcon C，Ctitto A，Ramieri E，et al. 2007. DESYRE：decision support system for the rehabilitation of contaminated megasites. Integrated Environmental Assessment and Management，3（2）：211-222.

Critto A，Agostini P. 2009. Using multiple indices to evaluate scenarios for the remediation of contaminated land：the Porto Marghera（Venice，Italy）contaminated site. Environmental Science and Pollution Research，16（6）：649-662.

Dawson K M，Baise L G. 2005. Three-dimensional liquefaction potential analysis using geostatistical interpolation. Soil Dynamics and Earthquake Engineering，25（5）：369-381.

Khelifi O，Zinovyev S，Lodolo A，et al. 2004. Decision support tools for evaluation and selection of technologies for soil remediation and disposal of halogenated waste. Organohalogen Compounds，66：1226-1232.

Li J B，Huang G，Zeng G. 2001. An integrated decision support system for the management of petroleum-contaminated sites. Environmental Letters，36（7）：24.

Liao X Y，Tao H，Gong X G，et al. 2019. Exploring the database of soil environment survey using geo-self-organizing-map：a pilot study. Journal of Geographical Sciences，29（10）：1610-1624.

Marcomini A，Glenn W S，Critto A. 2009. Decision Support Systems for Risk-Based Management of Contaminated Sites. New York：Springer.

Onwubuya K，Cundy A，Bone B，et al. 2009. Developing decision support tools for the selection of “gentle” remediation approaches. Science of the Total Environment，407：6132-6142.

Piedade T C，Melo V F，Souza，et al. 2014. Three-dimensional data interpolation for environmental purpose：lead in contaminated soils in southern Brazil. Environmental Monitoring and Assessment，186（9）：5625-5638.

Pizzol L，Critto A，Marcomini A. 2009. A spatial decision support system for the risk-based management of contaminated sites：the DESYRE DSS. Marcomini A，Glenn W Suter Ⅱ，Critto A. Decision Support Systems for Risk-based Management of Contaminated Sites. New York：Springer.

Rodrigues S M，Pereira M E，Duarte A C，et al. 2009. A review of regulatory decisions for environmental protection：part Ⅱ-the case study of contaminated land management in Portugal. Environment International，35：214-225.

Scott M M S. 1971. Management decision systems：computer-based support for decision making. Boston：Harvard University Press.

Tao H，Liao X Y，Zhao D，et al. 2019. Delineation of soil contaminant plumes at a co-contaminated site using BP neural networks and Geostatistics. Geoderma，354（15）：113878.

附录　常用工业场地修复技术适用条件与性能

修复技术	目标污染物	适用条件	费用	成熟度	可靠性	修复时间	二次污染和破坏	技术功能	修复的可持续性
原位化学氧化技术	石油烃、BTEX（苯、甲苯、乙苯、二甲苯）、酚类、MTBE（甲基叔丁基醚）、含氯有机溶剂、多环芳烃、农药等大部分有机物	适用于多种高浓度有机污染物的处理；在渗透性较差区域（如黏土层中），氧化剂传输速率可能较慢；土壤中存在的一些腐殖酸、还原性金属等，会消耗大量氧化剂；受 pH 影响较大	美国的应用成本为220000～230000美元/场地，123～164美元/m^3；国内的应用成本为 300～1500 元/m^3	该技术在美国已经得到了广泛的工程化应用，被用于数千个有毒废弃场地，国内有部分工程应用	基本能满足修复目标，对于某些难降解有机污染物（如多环芳烃）可能需要进行进一步处理	<6 个月	污染物彻底氧化后，只产生水、二氧化碳等无害产物，二次污染风险较小	过程可能会发生产热、产气等不利影响，导致土壤和地下水中的污染物挥发到地表	修复后的土壤有机质受损导致部分生态功能丧失，可利用性降低
异位化学氧化技术	石油烃、BTEX（苯、甲苯、乙苯、二甲苯）、酚类、MTBE（甲基叔丁基醚）、含氯有机溶剂、多环芳烃、农药等大部分有机物	不适用于重金属污染土壤的修复，对于吸附性强、水溶性差的有机污染物应考虑必要的增溶、脱附方式	国外的应用成本约为 200～660 美元/m^3；国内的应用成本一般为 500～2000 元/m^3	国外已经形成了较完善的技术体系，应用泛；国内发展较快，已有工程应用	修复效果可靠	处理周期与污染物初始浓度、修复药剂与目标污染物反应机理有关。处理周期较短，一般为数周至数月	污染土壤转运过程中需要密封、苫盖和跟踪监控，防止遗撒、泄漏等。土壤修复过程中应密封、监控，气体须处理达标后排放	过程可能会发生产热、产气等不利影响，导致土壤结构和部分生态功能破坏	修复后的土壤有机质受损导致部分生态功能丧失，可利用性降低

续表

修复技术	目标污染物	适用条件	费用	成熟度	可靠性	修复时间	二次污染和破坏	技术功能	修复的可持续性
原位化学还原技术	重金属类（如六价铬）和氯代有机物等	受pH影响较大	国外的应用成本为150～200美元/m^3；国内的应用成本为500～2000元/m^3	在国外已经得到了广泛的工程应用，国内有部分工程应用，但仍以小试和中试应用为主	基本能满足修复目标	清理污染源区的速度相对较快，通常需要3～24个月	一些含氯有机污染物的降解产物仍有一定的毒性；固定的污染物在某些特定的条件下可能会重新释放出来；一些危险化学物质的使用可能会引起安全问题	过程可能会发生产热、产气等不利影响，导致土壤结构和部分生态功能破坏	修复后的土壤存在部分生态功能丧失，但可修复
异位化学还原技术	重金属类（如六价铬）和氯代有机物等	适用于石油烃污染物的处理	国外的应用成本约为200～660美元/m^3；国内的应用成本为500～1500元/m^3	国外已经形成了较完善的技术体系，应用广泛国内发展较快，已有工程应用	受环境中氧化物影响较大，稳定性较差	处理周期与污染物初始浓度、修复药剂与目标污染物反应机理有关。通常处理周期较短，一般可以在数周到数月内完成	污染土壤转运过程中需要密封、苫盖和跟踪监控，防止遗撒、泄漏等。土壤修复过程中应密封、监控，气体须处理达标后排放	过程可能会发生产热、产气等不利影响，导致土壤结构和部分生态功能破坏	修复后的土壤存在部分生态功能丧失，但可修复
淋洗技术（异位）	重金属及半挥发性有机污染物、难挥发性有机污染物	对于大粒径级别污染土壤的修复更为有效，砂砾、沙、细沙以及类似土壤中的污染物更容易被清洗出来；黏土中的污染物则较难清洗，因此不宜用于土壤细粒（黏/粉粒）含量高于25%的土壤；与其他修复技术联用，扩散过程要求准确控制（避免污染物向非污染区扩散）	美国处理成本为53～420美元/m^3；欧洲处理成本为15～456欧元/m^3，平均为116欧元/m^3；国内处理成本为600～3000元/m^3	国外已经形成完善的技术体系，且工程应用广泛（美国、加拿大、欧洲及日本等已有较多的应用案例）；国内发展很快，已有工程应用案例	修复效果较好，但需要配备废水处理系统	<12个月（3～12个月）	洗脱产生的污染废水容易造成二次污染	污染土壤处理后营养元素缺失，土壤生态功能基本丧失	修复后土壤生态功能基本丧失，较难修复

续表

修复技术	目标污染物	适用条件	费用	成熟度	可靠性	修复时间	二次污染和破坏	技术功能	修复的可持续性
热脱附技术	挥发及半挥发性有机污染物（如石油烃、农药、多氯联苯）和重金属汞	不适用于无机物污染土壤（汞除外）、腐蚀性有机物、活性氧化剂和还原剂含量较高的土壤	国外对于中小型场地（2万t以下，约26800m^3）处理成本为100～300美元/m^3，对于大型场地（大于2万t，约合26800m^3）处理成本约为50美元/m^3。国内处理成本为600～2000元/t	国外已广泛用于挥发性和半挥发性有机污染物相关的场地修复项目，其比例占到了美国超级基金场地修复项目8%。国内属于起步阶段，有少量应用案例	可基本去除污染物	处理周期为几周至几年	污染土壤转运过程中需要密封、苫盖和跟踪监控，防止遗撒、泄漏等。在处理过程需要密封、监控，产生的气体处理达标后排放	对于含氯有机物，非氢化燃烧的处理方式可以避免二噁英的生成	修复后的土壤可再利用
水泥窑协同处置技术	有机物、重金属	不宜用于汞、砷、铅等重金属污染较重的土壤；由于水泥生产对进料中氯、硫等元素的含量有限值要求，在使用该技术时需慎重确定污染土壤的添加量	国内的处理成本为800～1000元/m^3	该技术广泛应用于危险废物处理，国外较少用于污染土壤处理，国内已有很多污染土壤处理工程应用	能完全消除污染	处理周期与水泥生产线的生产能力及污染土壤添加量相关	污染土壤转运过程中需要密封、苫盖和跟踪监控，防止遗撒、泄漏等。	污染土壤处理后成为水泥熟料，土壤生态功能遭到完全破坏	修复后土壤生态功能完全丧失，无法修复
气相抽提技术	可用来处理挥发性和半挥发性的有机污染物和某些燃料	适宜于包气带污染土壤的修复，且要求污染土层渗透性强，污染土壤应具有质地均一、渗透能力强、孔隙度大、湿度小和地下水位较深的特点。低渗透性的土壤难以采用该技术进行修复处理，地下水位亦会影响修复	基于国外相关修复工程案例，该技术应用成本为150～800元/t	在美国“国家优先名录”污染场地中，SVE技术作为最常用的污染源处理技术占污染源控制项目的25%，对于VOCs类的污染物，SVE技术则约占60%。该技术在国外已有很多成功的工程案例。国内已有中试应用	能有效地去除土壤中的挥发性有机污染物	6～24个月	经过该处理产生的气体和渗滤水也均收集处理后排放，从而达到全过程对污染物的控制	污染土壤处理后损伤较小，生态功能基本无损伤	可持续性修复

续表

修复技术	目标污染物	适用条件	费用	成熟度	可靠性	修复时间	二次污染和破坏	技术功能	修复的可持续性
生物通风技术（原位）	挥发性、半挥发性有机物（如石油烃、非氯化溶剂、某些杀虫剂防腐剂等）	适宜于处理渗透率、高含水量和高黏性的非饱和带污染土壤，不适合于重金属、难降解有机物污染土壤的修复，不宜用于黏土等渗透系数较小的污染土壤修复	国外相关场地处理成本为13～27美元/m^3	该技术在国内实际修复或工程示范极少，尚处于中试阶段，缺乏工程应用经验和范例	对于修复成品油污染土壤非常有效，包括汽油、喷气式燃料油、煤油和柴油等的修复	6～24个月	为避免二次污染，应对尾气处理设施的效果进行定期监测，以便及时采取相应的应对措施	污染土壤处理后损伤较小，生态功能基本无损伤	可持续性修复
原位固化/稳定化技术	金属类、无机物（如氰化物、放射性物质等）、有机物（如农药、石油、多环芳烃类及二噁英等）	适用于污染土壤，可处理金属类、石棉、放射性物质、腐蚀性无机物、氰化物以及砷化合物等无机物；农药/除草剂、石油或多环芳烃类、多氯联苯类以及二噁英等有机化合物	根据美国国家环境保护局数据显示，应用于浅层污染介质处理成本为50～80美元/m^3，应用于深层处理成本为195～330美元/m^3	国外已经形成了较完善的技术体系，应用广泛。据美国国家环境保护局统计，2005～2008年应用该技术的案例占修复工程案例的7%。国内该技术主要用于重金属类污染项目	能够处理多种无机污染物、部分有机污染物和难处理的混合污染物，不能降低污染物毒性，对存在挥发性的有机污染物场地不适用，也不能削减污染物总量	处理周期一般为3～6个月	不能破坏或移除污染物，需要进行长期监管	污染土壤处理后成为低渗透系数的固化体，土壤生态功能遭到破坏	修复后土壤生态功能部分丧失，可利用性降低
异位固化/稳定化技术	金属类、无机物（如氰化物、放射性物质等）、有机物（如农药、石油、多环芳烃类及二噁英等）	适用于污染土壤。可处理金属类、石棉、放射性物质、腐蚀性无机物、氰化物以及砷化合物等无机物；农药/除草剂、石油或多环芳烃类、多氯联苯类以及二噁英等有机化物	据美国国家环境保护局数据显示，对于小型场地（约765m^3）处理成本为160～245美元/m^3，对于大型场地（约38228m^3）处理成本为90～190美元/m^3；国内处理成本一般为500～1500元/m^3	国外应用广泛。据美国国家环境保护局统计，1982～2008年已有200余项超级基金项目应用该技术。国内有较多工程应用	能够处理多种无机污染物、部分有机污染物和难处理的混合污染物，不能降低污染物毒性，对存在挥发性的有机污染物场地不适用，也不能削减污染物总量	日处理能力通常为100～1200m^3	不能破坏或移除污染物，需要进行长期监管	污染土壤处理后成为低渗透系数的固化体，土壤生态功能遭到破坏	修复后土壤生态功能部分丧失，可利用性降低

续表

修复技术	目标污染物	适用条件	费用	成熟度	可靠性	修复时间	二次污染和破坏	技术功能	修复的可持续性
生物堆技术	石油烃等易生物降解的有机物	不适用于重金属、难降解有机污染物污染土壤的修复，黏土类污染土壤修复效果较差	美国应用的成本为130～260美元/m^3；国内的工程应用成本为300～400元/m^3	相关配套设施已能够成套化生产制造，在国外已广泛应用于石油烃等易生物降解污染土壤的修复，技术成熟。国内相关核心设备已能够完全国产化，已有用于处理石油烃污染土壤及油泥的工程应用案例	修复效率有限	一般为1～6个月	无二次污染，环境扰动小	污染土壤处理后基本无损伤，对土壤生态功能不产生影响	可持续性修复